基于火灾数据统计分析的应急决策模型及并发火灾扑救调度模型

主　编　方　瑞

副主编　王德勇　朱霁平

董学鹏　杜小雨

合肥工業大學出版社

图书在版编目(CIP)数据

基于火灾数据统计分析的应急决策模型及并发火灾扑救调度模型/方瑞主编．—合肥：合肥工业大学出版社，2016.6

ISBN 978-7-5650-2752-9

Ⅰ．①基…　Ⅱ．①方…　Ⅲ．①灭火—调度模型　Ⅳ．①TU998.1

中国版本图书馆CIP数据核字(2016)第113297号

基于火灾数据统计分析的应急决策模型及并发火灾扑救调度模型

主编　方　瑞　　　　责任编辑　陆向军　刘　露

出　版	合肥工业大学出版社	**版　次**	2016年6月第1版
地　址	合肥市屯溪路193号	**印　次**	2016年6月第1次印刷
邮　编	230009	**开　本**	710毫米×1010毫米　1/16
电　话	综合编辑部：0551-62903028	**印　张**	11.75
	市场营销部：0551-62903198	**字　数**	200千字
网　址	www.hfutpress.com.cn	**印　刷**	安徽联众印刷有限公司
E-mail	hfutpress@163.com	**发　行**	全国新华书店

ISBN 978-7-5650-2752-9　　　　定价：35.00元

编写说明

消防救援对火灾的控制作用显著，主要体现在接警出动时间和灭火战斗时间，前者反映消防救援的及时性，后者反映消防救援的有效性。本书基于江西省2000—2010年火灾数据，在空间维度上分析了接警出动时间与灭火战斗时间的内在联系，灭火战斗时间与火灾损失之间的关联规律；在时间维度上分析了接警出动时间和灭火战斗时间与火灾损失的时间依存关系；最后综合分析了在空间和时间两个维度上接警出动时间和战斗时间与火灾损失之间的量化规律，并在此基础上建立了建筑火灾应急救援序贯决策模型。

通过对灭火时间的空间维度统计规律的分析，发现不同火灾场所接警出动时间存在差异，这种差异主要是其地理位置造成的。战斗时间受火灾场所和城市区域双重因素的影响，表现在市区和县城火灾的战斗时间显著小于集镇和郊区，厂房和仓库火灾的战斗时间大于其他场所。接警出动时间和战斗时间之间存在一定的相关性。

通过对灭火时间与火灾损失关系的分析，发现不同战斗时间下城市建筑火灾"频率—过火面积"满足幂律分布。幂函数指数可表征控火能力，指数的绝对值越大则小火发生概率越大，大火发生概率越小。该值与战斗时间负相关，表明控火能力随着战斗时间的增长而降低。不同火灾场所幂函数指数存在差异，随着战斗时间的增长，住宅的控火能力衰减最快，公共娱乐场所、商业场所和厂房次之，仓库衰减最慢。

通过对时间维度的分析，发现建筑火灾过火面积及灭火时间均存在时间标度性特征，且随着阈值的变大，分形特征逐渐消失，时间序列过渡为泊松分布。根据艾伦因子，过火面积大于等于200平方米的城市建筑火灾表现为泊松分布，当出动时间大于60分钟后，其时间标度性消失；当战斗时间大于110分钟时，其时间标度性消失，表现为泊松分布。

进一步进行的时间序列分析表明：周平均出动时间的滞后阶数为1阶时，是火灾的Granger原因，而周平均战斗时间在滞后4阶时是火灾的Granger原因。从长期来看，平均出动时间、平均战斗时间与平均过火面积变化之间存在均衡关系，且均为正稳定关系。敏感性分析表明对于不同火灾场所，住宅的出动时间对过火面积最敏感，而战斗时间的敏感性最小。

基于上述灭火时间关联分析，考虑了应急救援车辆的动态特征、火灾发展的动态特征及火灾发生的时序特征，建立了针对建筑火灾应急救援的动态序贯决策模型。实证分析表明本书发展的建筑火灾应急救援决策模型适用于复杂应急救援条件下的救援决策，能够为决策者提供最优的资源调度决策方案。

首先，以安徽省2002—2011年火灾数据的宏观统计规律，得出了不同时间段、不同月份以及节假日的总体火灾与并发火灾发生规律，并且通过分析控制时间的分布律，得出无论总体火灾还是并发火灾均满足时间—频率的对数正太分布。其次，揭示了灭火控制时间与过火面积之间的相关性，发现对于不同控制时间区间下的过火面积—频率的拟合系数可以表征控制效率，而不同场所和不同城市区域对于控制时间也起着不同的影响。最后，基于合肥市真实并发火灾案例对前人所建立的并发火灾应急救援模型进行了修正，并进行了检验，结果显示以控制时间为决策因素的并发火灾应急决策模型比以出动时间为决策因素的应急救援所采取的决策措施更能减少火灾损失，即有效地减少过火面积。

本书各章分工如下：方瑞编写第一（部分）、六、八、九（部分）章；王德勇编写第一（部分）、二（部分）、三、五、九（部分）章；朱霁平编写第一（部分）、二（部分）、四、七章；董学鹏编写第一（部分）、二（部分）章；杜小雨编写第二（部分）、九（部分）章。全书由方瑞统编定稿。

由于我们水平有限，书中难免存在不足之处，恳请读者批评指正。

编　者

2016年5月

目　录

第1章　绪　论

1.1　研究背景

1.1.1　城市火灾形势严峻

火的出现加快了人类文明的进程，可一旦失控却将演化为火灾，火灾可能发生在任意时刻和任何地方，其随机性和不确定性对人们的生命和财产安全构成了巨大威胁，对消防主管部门的火灾防治工作造成了严峻考验，俨然成为人们日常生活中的常态灾害。

根据火灾发生的地点可将火灾分为：森林火灾、城市火灾、海上油井火灾等几大类。而城市作为国家的政治、经济和文化中心，占据着重要地位。由于火灾发生的突发性和严重性，一旦发生会造成人员伤亡和财产损失，重特大火灾甚至能导致城市瘫痪。有专家指出在所有城市危害中，中国城市的头号威胁来自火灾！

随着社会经济的发展，城市火灾态势表现出一定的分布特征，在经济快速发展时期，火灾频率较高，规模较大；经济平稳发展时期，火灾数量逐步减少，保持相对平稳。目前，我国正处于经济快速发展时期，城市化进程不断加快，城市规模不断扩大，生产技术日趋复杂，各种新设备、新工艺及新材料被广泛应用于经济建设以及社会生活中。“高、大、奇、特”建筑越来越多地出现在人们的日常生活中，这些复杂建筑和功能各异的技术工艺与材料都对火灾防治工作提出了新的挑战。与此同时，人们在生产、生活中对火、气、油、电的需求量不断增加，管理上的不慎是火灾发生的主要原因，这些因素共同导致城市火灾发生的概率居高不下，人员伤亡和财产损失大幅上升。可以说城市火灾对城市公共安全产生了极大威胁。

表 1－1 给出了中国近年来全国火灾的基本情况。从图 1－1 可以看出，火灾总量、人员死亡和受伤人数情况呈现逐年下降的趋势，说明随着经济发展

和部队消防装备建设的逐步完善，火灾控制能力得到逐步改善，2007 年之后，则一直保持平稳态势。但是需要注意的是，尽管总体火灾形势放缓，保持平稳，但火灾造成的直接财产损失却一直居高不下，且呈快速上升趋势，由图 1－2可以看出 2000—2011 年火灾直接财产损失的变化趋势，2006—2011 年我国火灾直接经济损失上升幅度很大，火灾防治任务依旧艰巨。

表 1－1　2000—2011 年全国火灾基本情况

年份	火灾起数	死亡人数	受伤人数	直接损失/亿元
2000	189182	3021	4404	15.22
2001	216784	2334	3781	14.03
2002	258315	2393	3414	15.44
2003	254811	2497	3098	15.94
2004	252704	2558	2969	16.7
2005	235941	2496	2506	13.6
2006	222702	1517	1418	7.8
2007	159000	1418	863	9.9
2008	133000	1385	684	15
2009	128331	1148	613	15.76
2010	131705	1108	573	17.66
2011	125402	1106	572	18.8

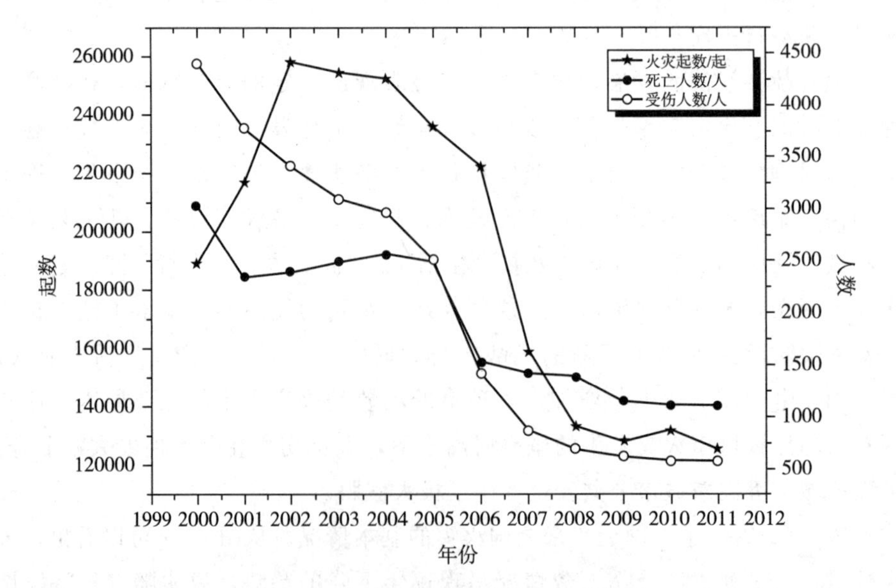

图 1－1　年火灾起数、亡人和伤人情况

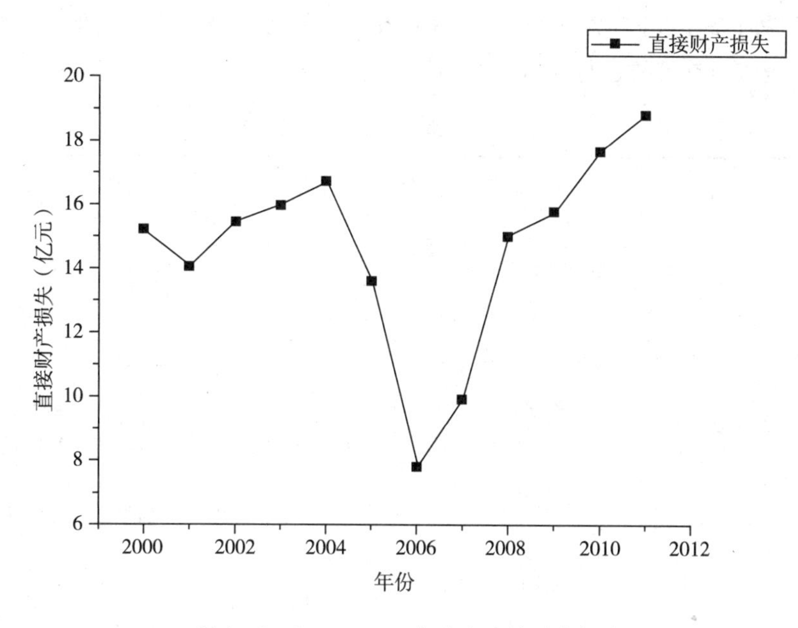

图 1 - 2　2000—2011 年火灾直接财产损失

1.1.2　城市建筑火灾社会效应显著

城市火灾主要包括建筑火灾、交通工具火灾、露天框架火灾及草地、林木火灾等，依据现有统计数据，建筑火灾数量及危害相较于其他几类都是大的。这不仅是由于建筑火灾场所人员相对较多，工业产品较多，更是因为建筑火灾受人为因素的影响很大，这种不确定性，导致火灾后果难以预测，难以掌控。

表 1 - 2 中列举的火灾案例，从起火原因上便可知道，很大一部分是人为原因造成的。人的难以捉摸让火灾防治工作难上加难。并且重特大伤亡案件发生的同时，也会对社会造成不少负面影响，使人民处于不安状态，威胁社会的和谐稳定。2009 年北京市中央电视台新台址园区在建附属文化中心工地火灾震惊中外，不仅造成了巨大的经济损失，同时也是对社会资源的极大浪费。2010 年上海市静安区火灾不仅夺去了许多人的生命，对社会也造成了极大的负面效应。这些血的教训，值得我们进行深入的反思。

表 1 - 2 中列举了 2002—2011 年间全国部分重特大伤亡案例，从中不难发现，多功能综合性建筑、高层人员密集场所，一旦发生火灾，极易造成群死群伤。随着城市化进程的加快，国内高大新奇的建筑不断涌现，逐渐从单一

建筑用途向综合一体化方向发展，由此看来，如何防控火灾、确保人民生命财产安全依旧是需要进行深入研究的课题。

表 1-2 重特大火灾案例

年份	日期	地点	死亡	伤人	损失/万元	场所类型	原因
2002 年	2 月 18 日	河北唐山随意游戏厅	17	1	1.2	游戏厅	变压器线圈老化
2002 年	6 月 16 日	北京蓝极速网吧	25	12		游戏厅	纵火
2003 年	2 月 2 日	哈尔滨天潭酒店	33	10	15.8	酒店	违章操作，爆燃
2004 年	2 月 15 日	吉林中百商厦	54	70	426	商场	烟头
2004 年	6 月 9 日	北京朝阳华严里京民大厦西配楼	12	35	81.9	娱乐场所	交叉作业
2005 年	4 月 29 日	上海市高雄路王家宅 3 号	10	19		厂房	纵火
2005 年	6 月 10 日	广东汕头潮南区华南宾馆	31	21		综合宾馆	电线短路
2006 年	5 月 19 日	广东汕头朝阳区创辉公司	13	1	75	厂房	电线短路
2007 年	2 月 4 日	浙江省台州市黄岩区东城街道绿汀路	17	6	43.4	出租房	纵火
2007 年	12 月 12 日	浙江温州温富大厦	21	2		商住楼	电线短路
2008 年	1 月 2 日	乌鲁木齐批发市场	3		5 亿	批发市场	扫帚失火
2008 年	9 月 2 日	深圳龙岗区舞王俱乐部	44	88		娱乐	燃放烟火
2009 年	2 月 9 日	北京中央电视台新台址工地	1	6	15072	工地	燃放烟花

（续表）

年份	日期	地点	死亡	伤人	损失/万元	场所类型	原因
2010 年	11 月 5 日	吉林商业大厦	19	27		商业	线路老化
2010 年	11 月 15 日	上海市静安区	58	70		住宅	违规施工
2011 年	1 月 17 日	武汉侨康综合商场发生	14	4		商场	电线老化
2011 年	5 月 1 日	吉林通化如家酒店	10	35		宾馆	纵火

1.1.3　城市建筑火灾的影响因素和研究方法

影响建筑火灾的因素众多，包括：建筑结构、消防设施配置和管理情况、建筑物周围环境、日常消防安全管理、天气和消防救援等。对于建筑的墙体、承重构件等具有一定防火控火能力，但由于火灾热烟气的影响，可能造成坍塌，破坏人们逃生的通道，从而造成大量的人员伤亡。2003 年 11 月 3 日湖南衡阳市珠晖区衡州大厦发生火灾，由于大厦整体垮塌导致 20 名消防队员殉职，影响恶劣；而完整配套的管理维护措施，可以防微杜渐，将隐患扼杀在初期，消防设施的存在便是为了及早发现火灾，控制火灾的发展，但往往由于管理不善，使得这些设施在火灾时失效；与森林火灾相比，气候虽然对建筑火灾有一定影响，但不是主要因素，建筑火灾多发生在建筑物内部，即只在单体建筑内蔓延，相邻建筑发生火灾的情况很少；发生火灾后，灭火救援尤为重要，指挥者的每一个决定都将影响火灾发展的方向，被困人员在逃生不及时唯一的希望便是消防队员，消防车早一分钟抵达，便有可能多挽救一个生命，最大限度减少火灾的损失。

火灾的发生、发展以及最后的规模与火灾自身的特性密不可分，然而不能忽视的是消防扑救对火灾的控制作用。在这里，时间对于火灾来说是至关重要的，消防部队提高出动效率，就可以减少到达火灾现场的时间；采取有效的救援方式，就可以尽快地扑灭火灾，这样就可以减少火灾带来的人员伤亡和财产损失。长期大量的火灾统计数据为研究灭火时间提供了可能，应用数据统计及数据挖掘方法可分析消防救援对火灾损失的影响效果。通过历史数据，发现火灾内在的确定性规律，进而为消防管理和决策提供依据。而在灭火时间中最重要的两个时间是接警出动时间和灭火战斗时间，前者反映救援的及时性，后者反映消防救援的有效性，研究掌握城市接警出动时间和战斗时间的规律特征，挖掘两者与火灾损失的定量关系，对不断加强城市消防设施建设，完善城市防灾救灾功能，全面推进城市消防工作的开展，最大限度减少火灾危害，有着积极的意义和实际的应用价值，同时也是营造良好的社会消防安全环境，提高消防部队灭火救援能力的客观要求和必然趋势。

本书旨在通过火灾统计数据，研究消防救援与火灾最终损失的内在量化规律，在空间尺度上分析接警出动时间与灭火战斗时间之间的内在联系，以及灭火战斗时间与火灾损失之间的内在关联，即灭火战斗时间对火灾损失幂律分布的影响；在时间尺度上分析接警出动时间和灭火战斗时间对火灾损失的干预影响；最后总结空间和时间两个维度的统计规律，为城市建筑火灾应急救援提供决策模型支持。

1.1.4 消防救援责任重大

公安机关在预防处置各类的突发事件中扮演着重要角色，而同时消防部队在火灾救援、抢险救灾方面，也始终承担着重要的责任。在灭火救援中，它的时效性，会直接影响着火灾损失。“忠诚可靠、赴汤蹈火、服务人民”，这是新时期的公安消防精神。城市灭火救援的时效性是指消防站在辖区内执行灭火救援任务时，赶赴到达现场的速度以及处置火情的效率。它是衡量一个城市灭火救援能力与水平的重要因素。2005 年 10 月 19 日，公安部领导在深入贯彻“二十公”精神全面推进消防“161 工程”工作会议上讲话中，做了重要指示即“优化集成第一出动力量和装备，在接警第一时间内调集有效的装备和足够力量到达现场，确保在第一时间快速展开战斗和有效实施救人灭火”，该指示逐步发展并被总结为五个“第一时间”，即：第一时间调集足够的警力和有效的装备、第一时间到场、第一时间展开战斗、第一时间救人、第一时间控火。五个“第一时间”之间彼此相互联系、相互影响、相互渗透、相辅相成，这是对灭火救援首战力量时效性的深刻且具体的阐述。

虽然城市建设的步伐在加快，可是消防站的建设由于受到多种客观条件的制约，因此往往不能跟上城市建设的步伐。同时目前消防站建设存在的若干问题，主要包括以下方面：交通道路拥挤不堪、主干道路人流车流量大、规定区域内的消防站数量不足、消防站辖区面积过大等。考虑到以上因素，消防车在 5 分钟之内赶到火灾现场往往是非常难以实现的。除此之外，消防车到达现场后开始进行消防战斗，战斗的过程又可分为若干环节，比如展开、出水、控制、熄灭等等。各个战斗环节环环相扣，战斗速度的快慢直接影响着灭火救援的效率。

控制时间指的是消防部队从到达火灾现场开始，一直到将火势控制在一定规模使其不再发展所需要的时间，它直接反映着城市消防力量的灭火救援性能，即体现的是救援的有效性。消防部队是处置火灾和各类灾害事故的中坚力量。有效地控制、消灭事故，最大限度地减少人员伤亡、财产损失，这是人民对于消防部队的期望。我们不仅仅要考虑到消防部队现有的装备器材以及部队的战斗力水平，而且一定要果断迅速地做出科学决策进而及时地调集相关力量，以便充分发挥灭火救援能力优势。因此，提高灭火救援的时效性，特别是加强消防队的训练，提高战斗效率，是灭火救援工作的关键所在。这也是成功扑救各类火灾的前提和基础。

火灾的发生、发展、规模虽然与其自身的特性紧密相连，可也不能忽视消防扑救对于火灾的控制作用。消防响应时间中的出动时间和控制时间直接体现的是灭火救援的效率，出动时间体现的是救援的及时性，而控制时间体现的是灭火的有效性。消防部队通过提高出动效率，减少到场的时间，进而采取科学的方式合理有效地进行救援，这样可以尽快地扑灭火灾以减少火灾损失。

综上所述，深刻认识火灾发生机理与特点，进而研究火灾自身的发展规律，掌握灭火控制时间的规律与分布特征，提高消防站的灭火救援响应效率。这些对于加强城市的消防系统设施建设、完善城市防灾救灾能力、预防和控制火灾、最大限度地减少火灾损失有着积极重要的意义和价值。当然，这同时也是营造良好和谐的消防安全环境、提高消防部队灭火救援战斗能力的客观要求以及必然趋势。

1.2　研究现状

1.2.1　火灾统计分析研究现状

在传统的火灾数据统计研究工作中，李华军提出了基于历史火灾发生概率的城市火灾危险性评价指标体系；在对城市消防站进行多目标规划过程中，把第一出动时间作为目标函数之一。胡传平对区域灭火救援力量的评价和优化布局方法进行了研究与探讨，把消防响应第一出动时间作为优化模型中的目标函数，通过调整对第一出动时间的条件约束，得到不同的布局结果，再结合实际情况得到最优的结果。由此可见，在传统的火灾统计研究工作中，主要以对火灾发生的时间、地点以及规模的统计分析为基础，重点强调火灾发生发展的自身特性，侧重对火灾发生后果的危害风险评估，对过火面积的统计规律及其与消防响应时间的相关性研究较少。国外学者 Stefan Sardqvist，统计了伦敦地区 307 次火灾，分析消防响应时间与过火面积之间的统计规律与关系，对响应时间与过火面积数据点进行了简单拟合，得出了相关函数关系，但是由于数据量比较少（307 场火灾记录）、火灾类型单一，所以并不能够准确揭示消防响应时间与过火面积的统计规律。彭晨依据日本全国城市和中国南昌火灾数据，着重从定性和定量两个方面对第一出动时间的统计规律及其与过火面积的相关性进行了分析。通过对某市火灾第一出动时间统计数据研究发现第一出动时间的频次符合对数正态分布。卢璐针对日本和中国的火灾数据进行研究，给出了中日的过火面积概率密度函数，并提出了不同出动时间下过火面积的分布律符合幂函数的特征。

火灾预测方面：目前许多学者根据以往火灾的统计数据，使用灰色理论、神经网络、指数平滑、马尔科夫预测法等方法对火灾的趋势（发生起数、死亡人数、受伤人数和直接经济损失等尺度）进行了预测。贾水库（2008）、付丽华（2008）、李勇（2009）等人使用灰色神经网络建立火灾事故预测模型，有效地解决了传统灰色预测模型在火灾事故预测中误差大稳定性差的缺陷，提高了预测精度。

重特大火灾方面：郭艳丽（2001）根据 1993—2000 年的群死群伤重特大恶性火灾爆炸事故（一次死亡 10 人以上或死亡、重伤 20 人以上的火灾）统计数据，分析事故的特点及成因，并提出了对策措施。马锐（2005）通过对 1993—2004 年间全国发生的 110 起重特大火灾的统计分析，研究了重特大火灾在发生年份、月份、原因等因素上的分布情况，总结出导致群死群伤火灾事故发生的七个方面的主要因素，并提出八项防治群死群伤特大火灾的对策。李海江等人（2010）研究了火灾发生频次、人员伤亡和直接财产损失的分布规律。

火灾损失外在影响因素方面：国内外很多学者通过相关性分析方法也重

点关注和研究了火灾损失同气候、地理位置、社会经济因素、消防应急救援时间等之间的关系。陈子锦（2007）等人通过对我国火灾统计数据进行聚类分析，发现地区火灾损失同生产总值、消防基本投入之间具有正相关性。李杰（2012）等人使用系统聚类分析了我国5年的火灾统计数据，将我国31个省市自治区的火灾事故分为5类，并结合地理信息系统把分类的结果呈现在相应的区域上，分析结果表明我国火灾事故在空间分布上存在一定的规律性。徐波（2012）研究了经济发展和气候变化对我国火灾的时空宏观变化进行了分析。郑红阳（2010）应用火灾统计数据研究了森林火灾和温度、相对湿度、降水三种气象因素的相关性。陈恒（2006）通过相关性分析方法研究了中国社会经济因素对城市火灾的影响，并对江苏省城市火灾起数序列建立了时间序列模型，结果表明城市火灾存在明显的季节性，并用线性回归模型分析了月平均气温和降水对季节因子的影响。Sehaeman（1977），Karter 和 Donner（1978），Gunther（1981），Jennings（1996）等人的研究表明贫穷与落后会导致火灾危险程度的上升。Mavis Duncanson（2002）分析了社会经济对重大建筑火灾的效用关系。杨立中等人（2002，2003）发现中国的火灾形势随社会经济发展的变化趋势。彭晨（2010）研究了接警出动时间和火灾过火面积的相关性，研究结果表明，中小型火灾发生的概率随第一出动时间的增加而减少，大型火灾发生的概率随第一出动时间的增加而增加，重大型火灾发生概率稳定，不受第一出动时间的影响。

火灾数据统计的一个重要贡献是分析了火灾频率—尺度的幂律分布，即研究火灾发生频率和尺度的幂律分布，尺度可通过过火面积、火灾起数、直接经济损失和死亡人数等参数予以表征。彭晨（2010）对城市火灾过火面积的统计分析主要从过火面积的发生概率和累积概率这两个方面进行，研究表明历年的过火面积具有相同的分布特性，符合幂律函数关系，同样累积概率也是幂律函数且不随时间变化而变化，具有稳定性。Malamud 等人（1998）应用数据统计方法发现森林火灾满足“频率—面积”幂律关系。Thomas 和 Brennan（2003），Hasofer and Thomas（2006）也进行了类似研究。陆松（2012）研究了我国群死群伤的频率—死亡人数分布，分析结果表明中国群死群伤的频率—死亡人数分布满足幂律分布，通过与美国、瑞典和英国的火灾数据相对比，发现频率—死亡人数满足幂律分布是一个普遍的现象。

前人在对火灾统计研究中提出了许多理论和方法，这些理论和方法对我们进一步研究城市建筑火灾时空分布统计规律提供了基础，同时我们发现，消防救援与火灾损失的统计规律研究还不够深入和系统，体现在前人研究集中于接警出动时间与火灾损失的相关性研究，尚缺少灭火时间的内在关联性（接警出动时间与灭火战斗时间的相关性及影响因素）、灭火时间与火灾损失的幂律关系（灭火战斗时间与火灾损失的幂律分布及影响因素）以及灭火时间与火灾损失随时间变化的耦合特征等相关研究，而只有系统掌握接警出动时间、灭火战斗时间和火灾损失三者之间的时空统计规律才能科学分析消防救援对火灾损失的规律性效用。

在火灾数据统计领域，还未有人对于控制时间有过深入的研究和探讨。无论是对于战斗时间还是消防出动时间，都未过多地涉及控制时间，而控制时间包含在战斗时间当中，但它对于分析火势和进行消防力量的分配决策等具有更透彻的影响。控制时间对于火灾规模的发展的重要性不言而喻，同时对火灾损失也有着直接的影响。因此，将控制时间作为研究重点，并对其分布律和对火灾损失的影响进行研究，具有极大的现实应用和实际价值。通过对灭火控制时间自身统计规律进行量化分析，找出其自身的规律特征，了解其与过火面积之间的关系，对于实现控制火灾、减少损失具有重要的意义。

1.2.2 应急救援决策模型研究现状

1. 应急救援资源需求估计研究现状

目前，应急救援资源需求估计有专家经验法、事例推理法、时间序列理论等方法。事例推理法（case-based reasoning，CBR）是利用一个旧事例类比推理一个新问题。应急救援资源需求的事例推理法，首先描述和提取发生或即将发生的灾害特征，根据这些特征从历史灾害库中搜索相似案例，对比分析新旧灾害案例，对历史灾害需求进行调整，从而获取本次灾害的需求。张毅（2007）、Darbra（2008）等的研究均采用了该类方法进行研究。时间序列理论（time-series processes）非常灵活，适用于动态需求预测，目前基于该类理论的自回归移动平滑法（autoregressive and integrated moving average）、指数平滑法（exponential smoothing models）和独立同分步法（independent identically distribution，IID）已经广泛用于应急需求预测（Wei 1990，Box 1994，Aviv 2003）。但是由于历史需求信息的缺失会导致时间序列法无法发挥作用。Sheu（2010）提出了一个不完全信息下的动态应急资源需求预测模型，预测了给定时期内每个受灾地区的动态应急需求。冯海江（2010）利用应急救援消耗品资源与时间、受灾人数及人均需求量等关系，提出了一种需求预测方法。但由于灾后的混乱状况，造成需求人员本身的数量很难在短时间内准确获取，这造成了估计的失准。随着高清遥感技术的发展，很多学者利用高清卫星遥感、航拍遥感影像结合地理信息系统（GIS）来快速评估地震等巨灾后损失情况，评估结果可用于应急资源需求预测的重要依据。Chang（2007）提出了一个利用GIS的分析功能来估计不同降雨量情况下应急救援需求区域点和需求设备量。该方法估计结果较为粗略，估计结果通过简单的平均处理来接近。

2. 应急救援资源布局优化研究现状

一般应急资源的选址问题可分为确定型和随机型两类。如以应急开始时间最早为目标的选址模型（刘春林，盛昭翰等，1999）。M A. Badri 和 A K. Mortagy 等（1998）建立了考虑时间、距离以及费用等多个目标的消防站选址模型。陈志宗，尤建新（2006），H. Z. Jia（2007）构建了适合重大灾害的应急救援资源选址模型。周晓猛，姜丽珍等（2007）考虑到应急救援资源需求的动态需求特性，将应急资源需求划分为若干需求时段，用动态规划理论的思想构建应急资源配置模型，降低了配置的重复性并导致资源利用的效率低的缺陷。张玲，黄钧（2008）考虑到多受灾点同时需求的实际情况和灾害发生的不确定性，利用场景分析法提出了一种多资源点-多需求点的多目标规划模型。

3. 应急救援资源调度优化研究现状

应急资源的调度包括路径选择和应急资源种类、数量的优化调度。Linet等人（2004）对救灾物流决策支持系统和多阶段多目标的救灾物资配送问题进行了研究。贾传亮等人（2005）在消防点位置已知、城市的消防资源总量有限的情况下，给出了多阶段灭火过程的消防资源布局模型，考虑到事故的多发性，该中心的资源配置可能要考虑到潜在发生事故的应急资源需求。张毅和郭晓汾等（2006）对应急资源调度的时效性、安全性和经济性三个属性进行定量数学描述，并将多属性问题转化为单属性决策问题，进而利用图论制定期望效用最高的应急资源运输线路决策。Kumar（2007）实现了在有限时间内以最低的成本调度资源最多的目标。杨继君和许维胜等（2009）用多模式分层网络描述应急资源调度，依据灾害情况建立网络场景集，并在考虑旅行时间不确定情况下，采用最大最小理论提出绝对可靠路径和相对可靠路径的模型及算法。

综上所述，应急救援需求估计模型研究方面尚存在诸多限制，应急救援资源优化布局方面取得了较好的研究成果，应急救援资源优化调度层面针对具体情境也得到了一些有意义的适用方法，对于火灾救援而言，其有别于突发事件应急救援，表现在以下几个方面。

消防救援需求种类单一且需求量容易估计，火灾救援力量需求主要体现在消防车辆，而大量长期的灭火救援为消防车辆需求估计提供了经验参考，对于绝大多数火灾而言能够根据火灾接警情况准确判断消防车辆的需求数目。因而在火灾救援中消防车辆的需求量可认为是固定和已知的。

消防救援中，应急救援资源优化布局主要体现在消防站的规划设计方面，当火灾发生时，消防站的位置和资源配置均已固定，其研究价值在于火灾发生前如何根据地区发展和火灾形势科学合理地设置消防站，优化配置消防站内的救援力量配置，而在研究突发火灾应急救援时则视消防站的位置和资源配置已知。

火灾的应急资源优化调度体现在三类火灾场景：单火灾点，单消防站救援；单火灾点，多消防站救援；多火灾点，多消防站救援。前人对上述三类火灾场景对应的应急资源调度均开展了大量的研究工作，但对于“多火灾点，多消防站救援”这一火灾情境，因多点火灾的发生往往是有时间顺序的先后发生，而目前的模型主要针对多点突发事件同时发生，这种时序动态性是制定消防救援最优决策方案时必须考虑的因素。

本书将借鉴前人的理论和方法重点对多点城市建筑火灾应急救援决策模型进行研究。同时通过结合火灾的发生和消防应急救援火灾统计数据，充分考虑并发火灾的时序特征、消防救援调度实际等因素，将控制时间作为本书研究的重点参数，以前人模型为基础，引入控制时间对模型进行修正，建立基于火灾数据统计的并发火灾救援调度模型。

1.3 研究内容

本书将基于江西省2000—2010年城市建筑火灾统计数据及安徽省2002—2011年火灾统计数据，解决以下八个方面问题：

（1）灭火时间的分布规律是怎样的？出动时间和战斗时间之间有怎样的关联？

已有研究表明出动时间满足对数正态分布，但是火灾场所和城市区域会对出动时间产生怎样的影响？战斗时间受火灾规模的影响较大，其是否同样满足对数正态分布？而不同火灾场所和城市区域又会对战斗时间产生怎样的影响？直观而言，第一出动时间越大，则将导致战斗时间延长，二者之间是否有定量的正向关联？

（2）城市建筑火灾损失灭火时间与战斗时间有怎样的对应关系？

火灾损失满足幂律分布特征，那么战斗时间对火灾损失的幂律特征具有怎样的影响？不同火灾场所和城市区域的火灾损失幂律特征具有怎样的定量对应关系？

（3）火灾损失、第一出动时间和战斗时间随时间演化的特征是怎样的？

火灾损失的演化规律不仅体现在空间维度（频率—尺度），在时间维度上三者之间又相互耦合，前人研究表明火灾损失存在显著的时间标度性和长程幂律相关性，那么第一出动时间和战斗时间是否存在时间标度性？其分形开始时间有怎样的规律？同时，随着时间的推移，火灾损失与第一出动时间和战斗时间之间有怎样的长期均衡关系？第一出动时间和战斗时间到底谁对火灾损失贡献更大？

（4）火灾系统的统计规律有助于指导消防部队的应急救援，如何结合火灾统计规律特别是灭火时间与火灾损失间的关联性，建立面向复杂城市建筑火灾的应急救援决策模型？

（5）安徽省并发火灾有什么样的宏观统计特征？

在一次火灾救援过程中有新的火灾发生，我们将其定义为并发火灾。并发火灾的应急救援受其之前火灾救援状态的影响，则消防时间相应地可能会与常态火灾存在一定不同，需要指出的是并发火灾在一定辖区范围内研究才有意义，因为只有在一定辖区内并发火灾才会带来应急救援力量冲突问题。本书将对安徽省的火灾统计数据进行分析，研究其宏观统计规律，并从中筛选出并发火灾进而分析其发生规律和特征。

（6）控制时间的分布规律是怎样的？

（7）火灾损失与控制时间有怎样的对应关系？

火灾损失满足幂律分布特征，那么控制时间对火灾损失的幂律特征具有怎样的影响？不同火灾场所和城市区域的火灾损失幂律特征具有怎样的定量对应关系？

（8）火灾系统的统计规律有助于指导消防部队的应急救援，如何结合火灾统计规律特别是控制时间与火灾损失间的关联性，修正文献中王德勇提到的应急救援决策模型?

1.4 章节安排

针对本书的研究目标和研究内容，本书的章节安排如下：

首先在第一章中主要介绍本书所属研究领域内当前的研究成果，明确本书的研究范围、研究目标和研究思路。第二、第三章从空间维度层面研究灭火时间、过火面积及二者之间的相关关系，其中第二章主要基于火灾统计数据分析第一出动时间、战斗时间的分布律，以及火灾场所、城市区域和并发火灾对灭火时间的影响，并进一步给出出动时间和战斗时间的关联关系。第三章重点研究战斗时间与过火面积的相关性，研究不同战斗时间下建筑火灾过火面积的幂律分布特征，并分析火灾场所和城市区域对幂律分布特征的影响。在第四章中将从时间维度层面研究建筑火灾过火面积和平均灭火时间的时间标度性、因果关系及长期均衡关系，并分析平均第一出动时间和平均战斗时间突变对平均过火面积的影响以及两者对过火面积的贡献度差异。第五章将基于建筑火灾在空间和时间两个维度的统计规律建立建筑火灾应急救援决策模型。第六章为安徽省并发火灾的宏观统计。首先介绍研究背景、并发火灾的定义、相关研究数据的说明。其次介绍了 Origin 数据分析软件进行数据处理原理方法、对安徽省 2002—2011 年并发火灾进行了宏观统计分析。第七章为控制时间和过火面积的相关性研究。首先介绍了研究背景，其次介绍了控制时间统计频数分布规律，再次对不同火灾场所的灭火控制时间与过火面积相关性进行研究，接下来对不同区域的灭火控制时间与过火面积相关性进行研究，最后对不同控制时间区间下过火面积的频率分布规律进行分析研究，并且与不同战斗时间区间下过火面积的频率分布规律进行了对比。第八章为并发火灾应急决策修正模型在实例中的应用。书中选取合肥市某年发生的几起并发火灾为研究对象，通过将并发火灾应急决策修正模型进行应用，从而验证模型的有效性。第九章为本书研究结论及下一步可延续工作的探讨。

第 2 章　接警出动时间和灭火战斗时间的分布律

本章符号表

符号	说明
$f\ (t_a,\ x_c,\ w)$	出动时间概率密度函数
x_c	平均出动时间
w	拟合系数
t_a	出动时间
R^2	拟合优度
p_{ij}	概率密度
r_i	行点质量
c_j	列点质量
λ_t	行点对总惯量的贡献度
$f\ (t_f,\ x_c,\ w)$	战斗时间概率密度函数
t_f	战斗时间

2.1 引　言

虽然火灾的发生、发展及规模与其自身的特性密不可分（金磊（1998），叶子才（2005），胡传平（2006）），但是消防救援对火灾后果有着十分显著的控制作用（潘京（2005），龚啸（2007），陈驰（2003））。灭火时间中的出动时间（到达时间与接警时间的差值）和战斗时间（熄灭时间与到达时间的差值）直接体现的是灭火救援的效率，出动时间体现的是救援的及时性，战斗时间体现的是灭火的有效性。研究出动时间和战斗时间的分布规律有助于消防部队了解自身建设情况，如消防站的建设是否满足城市发展的需要，消防装备的配置是否满足灭火救援的需要等（俞艳(2005)，彭晨等（2010））。

关于接警出动时间，彭晨（2010）、张锐（2011）、Lu（2013）等分别对中国和日本城市火灾的出动时间进行了研究，指出出动时间满足对数正态分布。然而，城市火灾包括城市建筑火灾、交通工具火灾和露天设备火灾等，建筑火灾作为城市火灾的子系统，其接警出动时间是否同样满足对数正态分布？不同建筑类别对出动时间有何影响？城市区域如市区、集镇及农村的出动时间有何差异？这些将是本章的主要研究内容之一。

对于灭火战斗时间，Holborn et al.（2004）以表格的形式研究了伦敦建筑火灾大小与消防响应时间的关系，定性讨论了战斗时间对火灾大小的影响。目前对于灭火战斗时间的分布律缺少具体量化的分布律研究，同时 Sardqvist et al.（2002）基于 1994—1997 年伦敦非住宅类建筑的 307 起火灾统计数据，发现建筑结构和火源性质决定了火灾损失的大小，那么不同类型建筑对战斗时间是否也有显著影响？这些是本章的研究内容之二。

最后，出动时间体现的是救援的及时性，战斗时间体现的是灭火的有效性，那么出动时间与战斗时间之间是否具有相关性？即本章的研究内容之三。

2.2 数据和分析方法

灭火时间包括：接警时间、到达时间、控制时间、熄灭时间和返队时间等（2011 中国消防年鉴·江西部分），其中最重要的灭火时间为出动时间和战斗时间，出动时间指到达时间与接警时间的差值，战斗时间指熄灭时间与到达时间的差值。本章在分析出动时间和战斗时间时采用的是江西省 2000—2010 年城市建筑火灾统计数据，数据总量为 15950 起，出动时间的分析范围为：出动时间 60 分钟以内的火灾 15555 起，占火灾总数的 97.52%；战斗时间的分析范围为：战斗时间 4 小时以内的火灾 15463 起，占火灾总数的 96.95%。详细数据分布见表 2-1 所列。

表 2-1　江西省 2000—2010 年建筑火灾统计数据

火灾场所	数据总量	第一出动时间（≤60min）	战斗时间（≤240min）
住宅和宿舍	8413	8172	8259
商业场所	914	905	875
公共娱乐场所	224	224	222
餐饮场所	341	340	338
宾馆	171	170	169
厂房	3542	3445	3416
仓库	1205	1174	1106
其他	1140	1125	1078
合计	15950	15555	15463

在分析统计数据时，需要消除人为误差对统计规律的影响，Lu（2013）的研究表明，存在三类统计误差，即记录值的离散化（最小记录间隔为 1 分钟）、主观错误（记录值在 5 分钟、10 分钟、15 分钟等 5 的倍数上聚集）和记录错误（如信息录入过程中将 23：00 记录为 11：00），因此本章在分析火灾数据时将对原始数据进行平滑处理和数据校正。分析方法上，本章将主要采用直方图和回归分析方法。在分析不同场所和不同城市区域的出动时间与战斗时间差异时，将采用对应分析方法对其宏观特性进行讨论。

2.3　出动时间的分布律

2.3.1　出动时间总体分布律

Lu（2013）的研究表明，中国江西 2000—2010 年城市火灾的出动时间符合对数正态分布，其平均出动时间为 4.89 分钟。分析江西 2000—2010 年城市建筑火灾的出动时间，发现其同样满足对数正态分布，分布律如式 2-1 所示，且平均出动时间为 t_a=6.07 分钟。对比 Lu 的研究结果，可以得出江西省 2000—2010 年城市建筑火灾平均出动时间略差于城市总体水平。

$$f(t_a, x_c, \omega) = \frac{1}{\sqrt{2\pi} \cdot \omega \cdot t_a} \exp\left[-\frac{\ln^2 (t_a/x_c)}{2\omega^2}\right] \qquad (2-1)$$

其中，$x_c=6.07$，$\omega=0.58371$，拟合系数 $R^2=0.87549$。

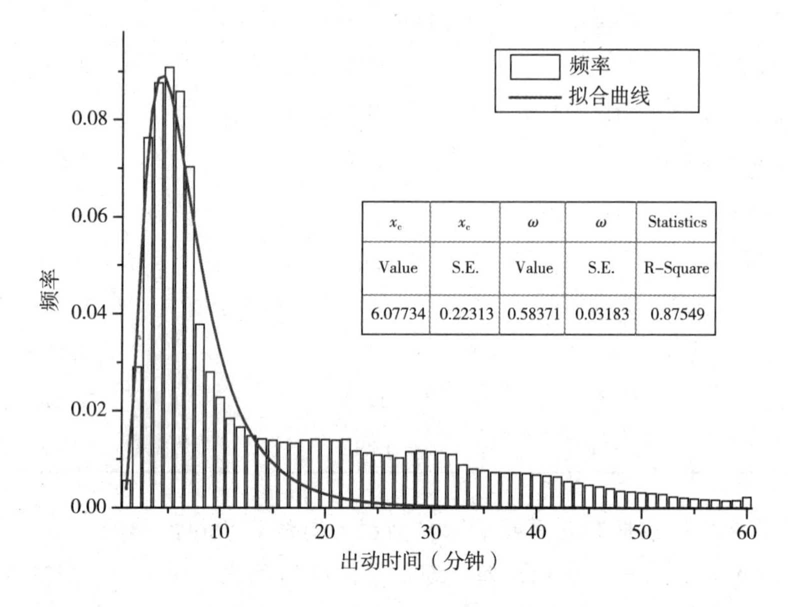

x_c	x_c	ω	ω	Statistics
Value	S.E.	Value	S.E.	R-Square
6.07734	0.22313	0.58371	0.03183	0.87549

图 2-1　江西省 2000—2010 年城市建筑火灾出动时间—频率分布

2.3.2　不同火灾场所出动时间的差异

消防部队在火灾统计时将火灾场所分为住宅、商业场所、餐饮场所、公共娱乐场所、宾馆、厂房和仓库等，各场所火灾数据详见表 2-2 所列，不同火灾场所的平均出动时间应该较为接近，但城市建设特点决定了建筑功能布局，不同功能建筑的接警出动时间可能存在差异。本节将具体分析不同火灾场所接警出动时间的差异。

对应分析通过由定性变量构成的交互汇总表来揭示变量间的联系。其优势在于可以揭示同一变量的各个类别之间的差异（Marco Diana and Cristina Pronello（2010），Halil Ibrahim Cakir et al.（2006），Eric J. Beh et al.（2011），Jacques Benasseni（1993），Nadia Sourial et al.（2010））。本节通过对应分析方法研究不同火灾场所接警出动时间的差异。

对应分析中各参量的总惯量如下：

$$\text{Inertia (Total)}=\sum_i\sum_j\frac{(p_{ij}-r_ic_j)^2}{r_ic_j} \tag{2-2}$$

其中，p_{ij} 为概率密度，r_i 为行点的质量，c_j 为列点的质量。

对行点的轮廓，惯量为：$\lambda_t = \sum_i r_i f_{it}^2$，即行点对总惯量的贡献度。其中，$f_{it}$ 为行点矩阵的元素，行点对主轴的绝对贡献度定义为$\frac{r_i f_{it}^2}{\lambda_t}$。

绝对贡献度表征了每个点在决定主轴方向时所起的作用（Hoffman and Franke，1986），列联表的惯量分解参数详细求解在 Clausen（1998）中有详细介绍。

火灾场所与出动时间的列联表见表 2-2 所列，前两维主轴对应的累积惯量为 91%和 100%。依据累计惯量大于 70%有效的原则，说明第一、第二主轴可以表征火灾场所和出动时间的相关性。

表 2-2　火灾场所和出动时间列联表

火灾场所	出动时间（分钟）				合计
	1～5	6～10	11～20	21～60	
住宅	2836	1302	1186	2616	7940
商业场所	548	202	58	64	872
公共娱乐场所	409	136	30	30	605
餐饮场所	244	66	11	3	324
宾馆	126	32	6	0	162
仓库	933	715	587	1029	3264
厂房	367	260	184	242	1053
合计	5463	2713	2062	3984	14222

根据表 2-3 所列的质量，出动时间 1～5 分钟对主轴 I 的贡献最大，然后是出动时间 6～10，11～20 和 21～60。因此主轴 I 的方向可以定义为出动时间。主轴 I 右侧会出现出动时间长的点，主轴 I 左侧会出现战斗时间短的点。

进一步分析出动时间和火灾场所之间的相似性，由图 2-2 可以看出，商业场所、公共娱乐场所、餐饮场所和宾馆的轮廓相似，且距离出动时间 1～5 分钟较近，厂房和仓库倾向于战斗时间较长的轮廓。住宅的轮廓距出动时间 6～10 分钟，11～20 分钟，21～60 分钟都较近，说明其没有明显的倾向。

表 2-3 火灾场所和出动时间在第一、第二主轴上的惯量分解 *

火灾场所	相对贡献度	质量	惯量	主轴Ⅰ			主轴Ⅱ		
				坐标	相对贡献度	绝对贡献度	坐标	相对贡献度	绝对贡献度
住宅	1000	558	92	98	666	68	−70	334	340
商业场所	999	61	252	−598	994	276	43	5	14
公共娱乐场所	999	43	234	−693	999	257	10	0	1
餐饮场所	999	23	183	−836	996	201	−48	3	7
宾馆	997	12	98	−860	992	107	−61	5	5
仓库	999	230	111	177	744	91	104	255	311
厂房	987	74	29	−5	1	0	186	986	322
出动时间（分钟）									
1～5	1000	384	441	−313	975	474	−50	24	119
6～10	995	191	58	−58	127	8	152	868	559
11～20	994	145	121	258	908	121	79	86	114
21～60	1000	280	379	335	950	397	−77	50	208

注：* 所有计算值放大1000倍，同时小数点后的数字被忽略。

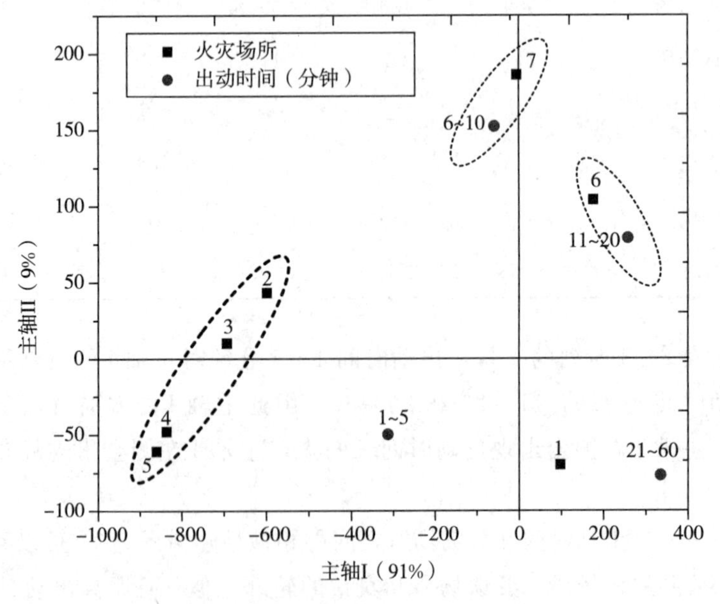

图 2-2 火灾场所与出动时间对分析图

1—住宅；2—商业场所；3—公共娱乐场所；4—餐饮场所；5—宾馆；6—仓库；7—厂房

对于不同火灾场所，对应分析表明其出动时间存在一定差异性，分析不同场所出动时间的分布规律发现各场所出动时间均较好地满足对数正态分布，不同火灾场所平均第一出动时间见表 2－4 所列，可以看出住宅、厂房和仓库的平均出动时间较长，分别约为 8.6 分钟、9.45 分钟和 8.08 分钟。而商业场所、公共娱乐场所、餐饮场所及宾馆的平均出动时间优于城市总体水平（6.07 分钟），这些场所多集中于市区，可能是造成出动时间短的原因。

表 2－4　不同火灾场所接警出动时间

火灾场所	x_c		ω		R^2
	平均值	标准差	平均值	标准差	
住宅	8.59945	0.64284	0.8412	0.05345	0.69973
商业场所	5.18507	0.10209	0.47234	0.01524	0.94144
公共娱乐场所	4.96277	0.13661	0.49002	0.02144	0.96221
餐饮场所	4.97786	0.13563	0.48929	0.02115	0.96
宾馆	4.82276	0.15698	0.49123	0.02537	0.95236
厂房	9.45138	0.54085	0.81781	0.04131	0.7973
仓库	8.08337	0.31351	0.71479	0.02872	0.89033

2.3.3　不同城市区域出动时间的差异

依据城市区域类型，可以将火灾发生位置所在区域分为城市市区、县城城区、集镇镇区和郊区农村等。依据《城市消防站建设标准》，消防站对不同城市区域的责任范围不同，加之交通条件等不确定因素，不同城市区域接警出动时间存在差异。

表 2－5 给出了不同城市区域各出动时间下火灾起数的分布情况，不同城市区域接警出动时间对应分析图如图 2－3 所示，前两维主轴对应的累积惯量为 98％和 100％。

根据表 2－6 及图 2－3，可以看出第一主轴从右至左出动时间逐渐增大，据此可以定义第一主轴为出动时间，左侧倾向于出动时间较长的火灾，右侧倾向于出动时间较短的火灾。不同城市区域的轮廓差异明显，可以看出城市市区倾向于出动时间 1～5 分钟的火灾，县城城区倾向于出动时间 6～10 分钟的火灾，集镇镇区倾向于出动时间 11～20 分钟的火灾，而郊区农村倾向于出动时间 21～60 分钟的火灾。

表 2-5 不同城市区域与出动时间列联表

城市区域	出动时间（分钟）				合计
	1～5	5～10	11～20	21～60	
城市市区	3019	939	177	41	4176
县城城区	2410	1150	373	368	4301
集镇镇区	151	272	375	571	1369
郊区农村	195	438	1220	3067	4920
合计	5775	2799	2145	4047	14766

表 2-6 城市区域和出动时间在第一、第二主轴上的惯量分解 *

城市区域	相对贡献度	质量	惯量	主轴Ⅰ			主轴Ⅱ		
				坐标	相对贡献度	绝对贡献度	坐标	相对贡献度	绝对贡献度
城市市区	999	283	299	779	986	302	−89	13	199
县城城区	995	291	129	500	968	128	83	27	180
集镇镇区	990	93	62	−572	837	53	245	153	495
郊区农村	1000	333	508	−939	995	517	−65	5	127
出动时间（分钟）									
1～5	1000	391	387	755	991	392	−72	9	179
6～10	990	190	49	350	803	41	169	187	483
11～20	991	145	106	−640	957	105	120	34	188
21～60	1000	274	456	−980	993	463	−79	6	151

注：* 所有计算值放大 1000 倍，同时小数点后的数字被忽略。

不同城市区域频率—出动时间满足对数正态分布，其拟合结果见表 2-7 所列，城市市区和县城城区的平均出动时间显著小于集镇镇区和郊区农村。

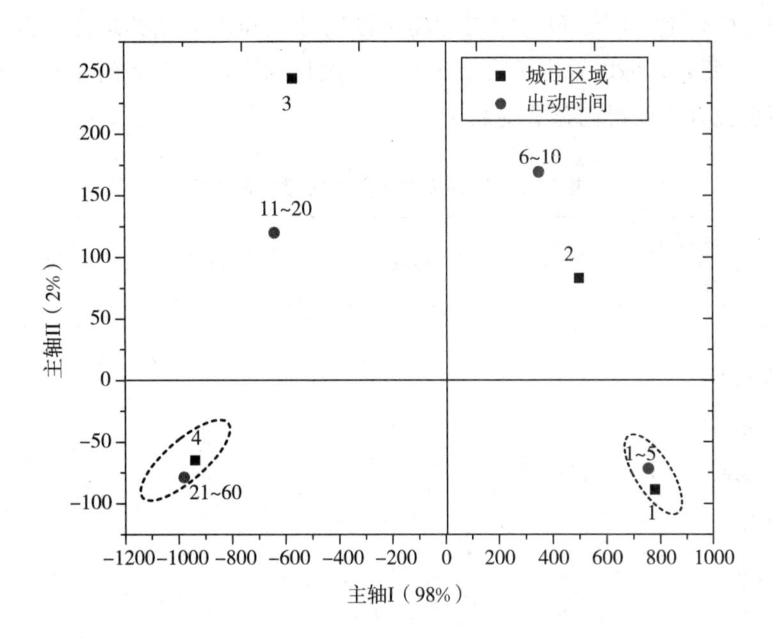

图 2－3　不同城市区域接警出动时间对应分析图

1—城市市区；2—县城城区；3—集镇镇区；4—郊区农村

可能是由于集镇和郊区农村的消防站建设滞后造成的（王荷兰，2010）。

表 2－7　不同城市区域消防第一出动时间

城市区域	样本量	x_c（分钟）		ω		R^2
		平均值	标准差	平均值	标准差	
城市市区	4251	5.07514	0.08383	0.48396	0.01276	0.97319
县城城区	4367	5.56257	0.08722	0.52211	0.01206	0.9595
集镇镇区	1424	18.89882	0.77013	0.97354	0.02845	0.9419
郊区农村	5263	28.22038	0.78994	0.73094	0.02069	0.91888

由 2.3.2 节可知，不同起火场所出动时间存在差异，表 2－8 给出了这些场所所在区域发生的火灾数量分布，各火灾场所在不同城市区域的火灾数量比例分布如图 2－4 所示，可以看出在城市市区和县城城区中火灾数量比较大的火灾场所包括商业场所、公共娱乐场所、餐饮场所和宾馆，而这些场所的平均出动时间较短，说明火灾场所并不影响平均出动时间，而是由火灾场所所在的地理位置决定了平均出动时间的大小。为验证该结论，将表 2－4 中 R^2

相对较低的住宅、厂房和仓库三类场所按照郊区和市区分类统计，拟合结果见表2-9所列，可以看出城市市区和郊区农村的平均出动时间差异明显，且分区域后拟合优度得到显著提高。

表2-8 不同火灾场所的区域分布统计

火灾场所＼区域	城市市区	县城城区	集镇镇区	郊区农村
住宅	1970	2110	811	3367
商业场所	408	463	92	26
公共娱乐场所	125	87	3	4
餐饮场所	197	118	5	6
宾馆	82	78	7	0
厂房	712	968	251	1453
仓库	299	302	176	326

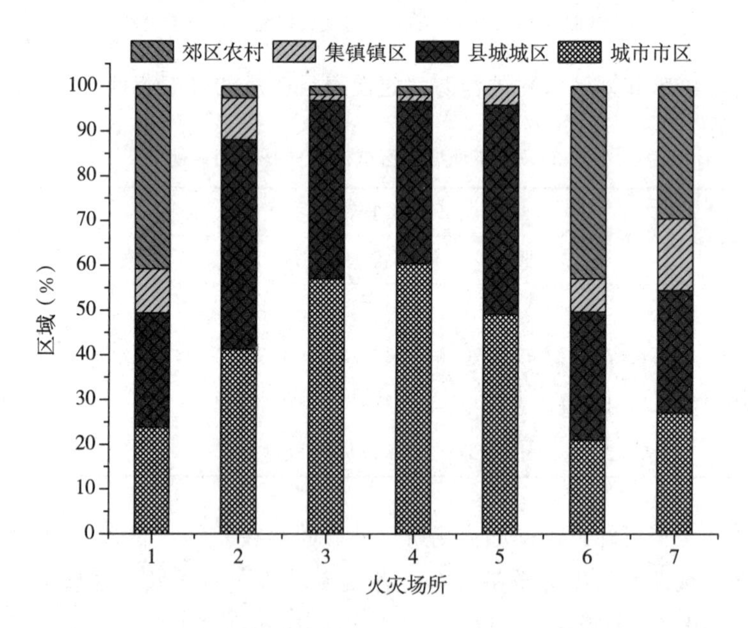

图2-4 各火灾场所火灾数量在不同城市区域的比例分布

1—住宅；2—商业场所；3—公共娱乐场所；4—餐饮场所；5—宾馆；6—厂房；7—仓库

表 2-9　不同区域住宅、厂房和仓库三类场所出动时间的差异

火灾场所	城市区域	样本量	x_c（分钟）		ω		R^2
			平均值	标准差	平均值	标准差	
住宅	城市市区	3332	5.13021	0.07511	0.48496	0.01131	0.96656
	郊区农村	2703	29.41753	0.71347	0.69176	0.01811	0.92809
厂房	城市市区	601	5.76032	0.09227	0.49317	0.01237	0.97616
	郊区农村	502	22.08649	1.49756	0.97583	0.04981	0.8626
仓库	城市市区	1680	5.98913	0.10986	0.54767	0.01404	0.9638
	郊区农村	1704	26.15728	1.26598	0.86385	0.03472	0.87833

2.4　战斗时间的分布律

消防部队作为火灾救援的主要力量，其对火灾救援的有效性是衡量城市防灾救灾能力的重要体现，研究城市建筑火灾灭火战斗时间的分布规律有助于消防部队科学决策、有效防范，从而降低人员伤亡和财产损失。

2.4.1　总体分布律

频率—战斗时间分布规律如图 2-5 所示，图 2-5a 为战斗时间原始数据，采用 5 点平滑后（图 2-5b），对数正态分布拟合系数由 0.90647 提高到 0.99548。对数正态分布概率密度函数如式 2-3 所示，其中：t_f为战斗时间，$R^2=0.99548$，$x_c=37.72199$，$\omega=0.83873$。

$$f(t_f, x_c, \omega)=\frac{1}{\sqrt{2\pi}\omega t_f}\exp\left[-\frac{(\ln(t_f/x_c))^2}{2\omega^2}\right] \qquad (2-3)$$

拟合结果说明战斗时间—频率服从对数正态分布，且城市建筑火灾的平均战斗时间约为 38 分钟。

2.4.2　不同场所战斗时间的差异

火灾场所与战斗时间的列联表见表 2-10 所列，前两维主轴对应的累积惯量为 89%和 100%。依据累计惯量大于 70%有效的原则，说明第一、第二

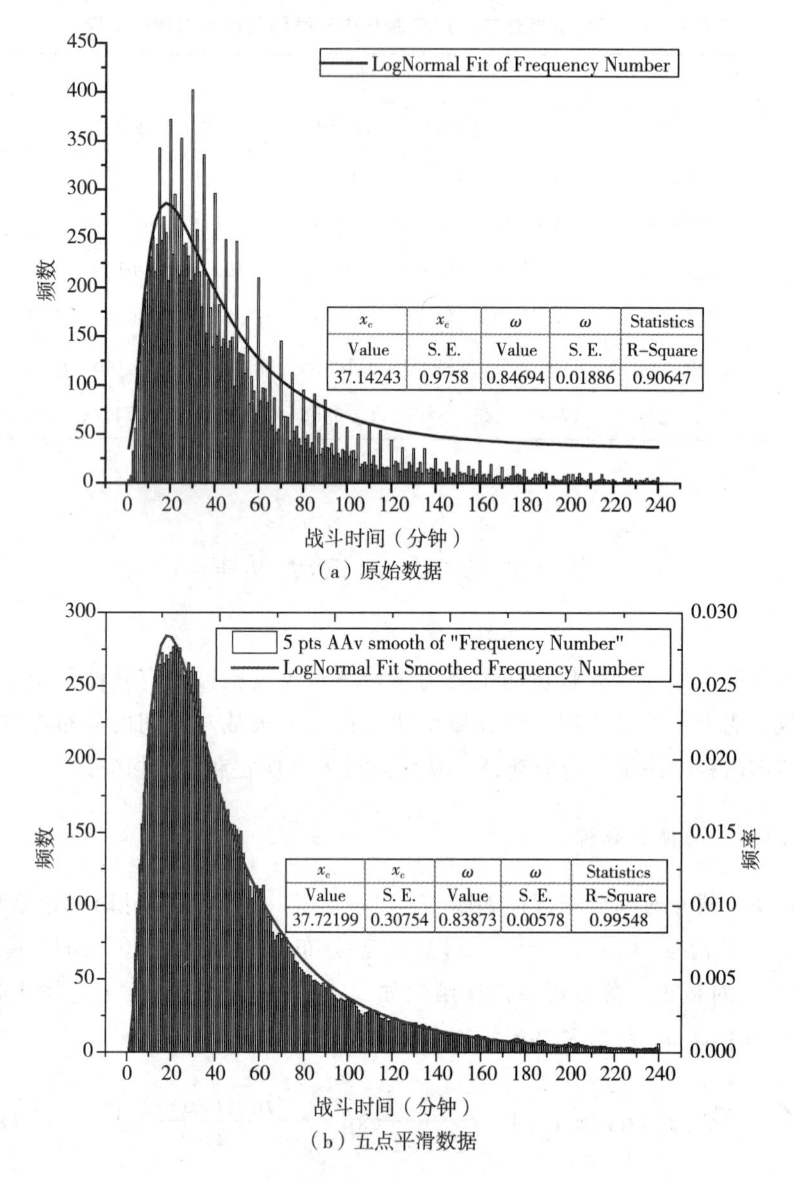

x_c	x_c	ω	ω	Statistics
Value	S. E.	Value	S. E.	R-Square
37.14243	0.9758	0.84694	0.01886	0.90647

（a）原始数据

x_c	x_c	ω	ω	Statistics
Value	S. E.	Value	S. E.	R-Square
37.72199	0.30754	0.83873	0.00578	0.99548

（b）五点平滑数据

图 2-5　江西 2000—2010 年城市建筑火灾频率—战斗时间分布统计

主轴可以表征火灾场所和战斗时间的相关性。

首先分析战斗时间和火灾场所之间的相似性，战斗时间在 41～80 分钟和 81～120 分钟相距较近，1～40 分钟、121～240 分钟与其具有差异较大的轮廓，战斗时间可能被划分为短、中、长三个区域。火灾场所也呈现几种不同的特征，由图 2-6 可以看出，商业场所、公共娱乐场所和餐饮场所的轮廓相似，且商业场所、公共娱乐场所、餐饮场所和宾馆距离战斗时间 1～40 分钟较近，厂房和仓库倾向于战斗时间较长的轮廓，可能是由于这类场所内可燃物多，火灾蔓延速度快造成的（Holborn et al.，2002）。住宅的轮廓倾向于战斗时间 1～80 分钟。

根据表 2-11 所示的相对贡献度，战斗时间 1～40 分钟对主轴 I 的贡献度最大，然后是战斗时间 41～80 分钟，8～120 分钟，121～240 分钟。因此主轴 I 的方向可以定义为灭火战斗时间。主轴 I 右部会出现战斗时间短的火灾，而主轴 I 左侧会出现战斗时间长的火灾。

表 2-10 火灾场所和战斗时间列联表

火灾场所	战斗时间（分钟）				合计
	1～40	41～80	81～120	120～240	
住宅	4479	2520	768	492	8259
商业场所	582	180	64	49	875
公共娱乐场所	161	44	11	6	222
餐饮场所	278	48	9	3	338
宾馆	127	38	4	0	169
仓库	461	352	142	151	1106
厂房	1689	1058	358	311	3416

表 2-11 火灾场所和战斗时间在第一、第二主轴上的惯量分解 *

火灾场所	相对贡献度	质量	惯量	主轴 I			主轴 II		
				坐标	相对贡献度	绝对贡献度	坐标	相对贡献度	绝对贡献度
住宅	996	574	41	19	185	9	41	811	307
商业场所	994	61	134	223	788	120	−114	206	256
公共娱乐场所	1000	15	77	371	967	84	−68	32	23
餐饮场所	1000	23	271	560	954	291	−123	46	114
宾馆	982	12	90	466	979	101	26	3	3
仓库	1000	77	283	−307	898	287	−103	102	265
厂房	997	237	100	−107	962	108	−20	35	32

（续表）

火灾场所	相对贡献度	质量	惯量	主轴Ⅰ			主轴Ⅱ		
				坐标	相对贡献度	绝对贡献度	坐标	相对贡献度	绝对贡献度
战斗时间（分钟）									
1～40	1000	541	361	136	982	399	－19	18	60
41～80	998	295	165	－106	705	132	68	293	445
81～120	982	94	125	－194	981	140	3	0	0
121～240	999	70	346	－344	844	329	－147	155	494

注：＊所有计算值放大1000倍，同时小数点后的数字被忽略。

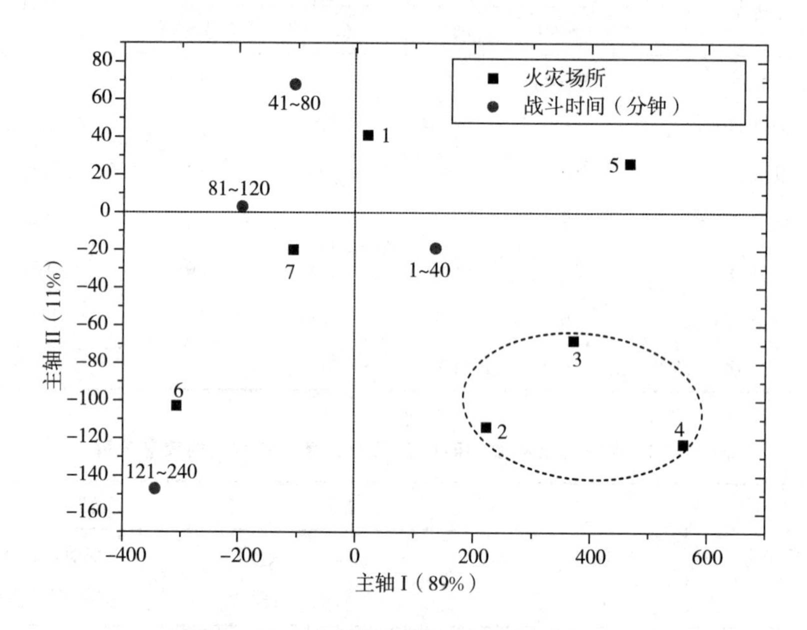

图2-6　火灾场所和战斗时间对应分析图

1—住宅；2—商业场所；3—公共娱乐场所；4—餐饮场所；5—宾馆；6—仓库；7—工厂

由2.4.1节可知城市建筑火灾灭火战斗时间—频率呈现对数正态分布特征，平均战斗时间约为38分钟，且对应分析表明不同起火场所战斗时间存在一定差异：厂房和仓库倾向于战斗时间较长的火灾，而商业场所、宾馆、公共娱乐场所和餐饮场所倾向于战斗时间短的火灾，分别研究不同起火场所灭火战斗时间的分布律，发现各起火场所战斗时间—概率均满足对数正态分布，各场所的平均战斗时间期望见表 2－12 所列，厂房和仓库的平均战斗时间均高于城市平均战斗时间（38 分钟），住宅的平均战斗时间接近城市建筑的平均战斗时间。

表 2－12　不同场所战斗时间标准对数正态分布参数

场所	x_c	x_c	ω	ω	R^2
	Value	S. E.	Value	S. E.	
住宅	38.69013	0.24952	0.81276	0.00467	0.99239
商业场所	29.33344	0.52676	0.84573	0.01291	0.96429
公共娱乐场所	30.09455	3.44946	1.06176	0.08195	0.64384
餐饮场所	26.74588	1.51362	0.81402	0.04108	0.83909
宾馆	27.59172	3.29313	0.83422	0.08785	0.48035
仓库	51.63392	0.96226	0.87444	0.01335	0.94269
厂房	43.15001	0.40164	0.82676	0.00672	0.98308

2.4.3　不同区域战斗时间的差异

不同城市区域战斗时间列联表见表 2－13 所列，可以看出城市市区和县城城区倾向于战斗时间短（1～40 分钟）的火灾，而集镇镇区和郊区农村倾向于战斗时间较长的火灾。

表 2－13　不同城市区域与战斗时间列联表

城市区域	战斗时间（分钟）				合计
	1～40	41～80	81～120	120～240	
城市市区	2958	811	230	137	4136
县城城区	2816	966	247	228	4257
集镇镇区	557	493	173	138	1361
郊区农村	1931	2002	711	492	5136
合计	8262	4272	1361	995	14890

表 2-14　城市区域和战斗时间在第一、第二主轴上的惯量分解 *

火灾场所	相对贡献度	质量	惯量	主轴Ⅰ			主轴Ⅱ		
				坐标	相对贡献度	绝对贡献度	坐标	相对贡献度	绝对贡献度
城市市区	1000	278	305	325	993	305	26	7	337
县城城区	1000	286	141	217	982	140	−29	18	427
集镇镇区	996	91	85	−297	985	84	−32	11	158
郊区农村	1000	345	469	−362	999	471	11	1	078
战斗时间（分钟）									
1～40	1000	555	436	275	1000	438	0	0	0
41～80	999	287	270	−302	999	272	3	0	6
81～120	999	91	176	−429	988	175	45	11	323
121～240	999	67	118	−407	966	115	−76	34	671

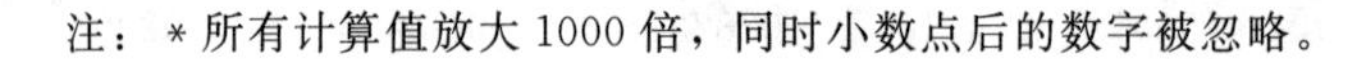
注：* 所有计算值放大 1000 倍，同时小数点后的数字被忽略。

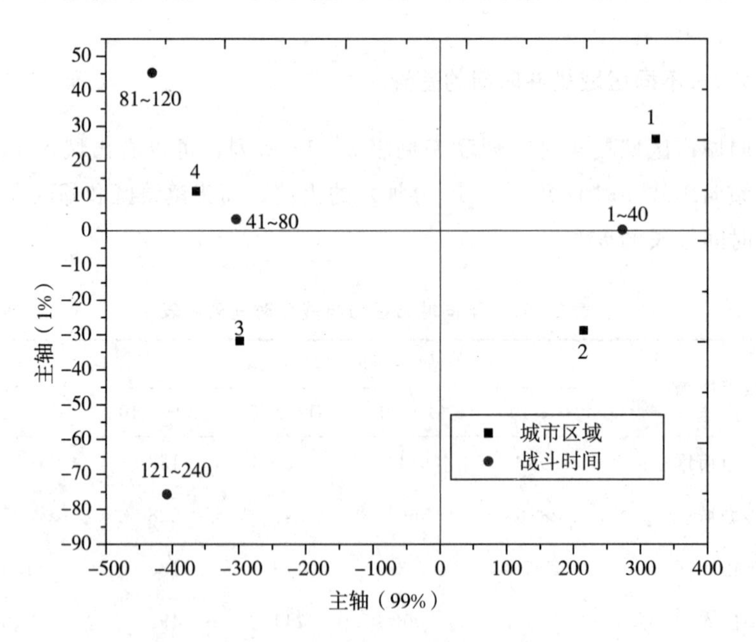

图 2-7　城市区域—战斗时间对应分析图

1—城市市区；2—县城城区；3—集镇镇区；4—郊区农村

由 2.3.3 节可知，城市区域对第一出动时间有一定影响，而不同出动时间下，火灾的发展形势是不同的，灭火救援开展得越晚则火灾规模越大，越不利于消防战斗。不同区域下战斗时间分布情况见表 2 - 15 所列，可以看出各区域频率—战斗时间的对数正态分布拟合较好，且城市市区和县城城区的平均战斗时间较短，优于城市总体水平，而集镇镇区和郊区农村的平均战斗时间则较长，约为 51 分钟，且火灾数量较多，为 6626 起，因此今后城市消防站规划建设重点应向集镇和郊区倾斜，提高出动时间，进而提高消防救援的时效性。

表 2 - 15　不同城市区域下灭火战斗时间统计

城市区域	样本量	x_c	x_c	ω	ω	R^2
		Value	S. E.	Value	S. E.	
城市市区	4184	27.00441	0.18019	0.75654	0.00489	0.99256
县城城区	4326	29.93174	0.20463	0.79855	0.00496	0.99256
集镇镇区	1405	51.31883	1.07311	0.82756	0.01529	0.93738
郊区农村	5221	51.70744	0.35701	0.69033	0.00514	0.98529

由 2.4.2 节的研究我们知道火灾场所对战斗时间有影响，而本节的研究表明城市区域同样对战斗时间有显著影响，两者耦合作用下战斗时间的分布见表 2 - 16 所列，我们选择住宅、厂房和仓库三类场所分析不同城市区域下的差异，发现城市区域对火灾场所的战斗时间有很大影响，市区的战斗时间明显小于郊区的战斗时间，可能是由于不同城市区域的出动时间差异引起的。厂房的拟合结果较差，这与细分城市区域后样本量较少有一定关系。

表 2 - 16　不同区域住宅、厂房和仓库三类场所战斗时间的差异

火灾场所	城市区域	样本量	x_c（分钟）		ω		R^2
			平均值	标准差	平均值	标准差	
住宅	城市市区	3332	28.20885	0.17573	0.75871	0.00457	0.99319
	郊区农村	2703	50.82903	0.37563	0.67687	0.00552	0.98265
厂房	城市市区	601	42.18269	1.31986	0.81805	0.02264	0.85389
	郊区农村	502	70.66466	5.43556	1.04631	0.05367	0.61158
仓库	城市市区	1680	33.28693	0.42713	0.81338	0.00929	0.97359
	郊区农村	1704	53.61405	0.7235	0.7525	0.00993	0.95974

2.5 并发火灾对灭火时间的影响

火灾的发生有其随机性，就其发生时间而言，存在这样一类火灾：在一次火灾救援过程中有新的火灾发生。我们将其定义为并发火灾，并发火灾的应急救援受其之前火灾救援状态的影响，则灭火时间相应地可能会与常态火灾存在一定不同，需要指出的是并发火灾在一定辖区范围内研究才有意义，因为只有在一定辖区内并发火灾才会带来应急救援力量冲突问题。本节以南昌市为例，对 2000—2010 年南昌市并发火灾的灭火时间进行统计分析，图 2－8和图 2－9 分别为南昌市总体火灾与并发火灾的出动时间—频率和战斗时间—频率的分布，可以看出均满足对数正态分布。

表 2－17 反映了 2000—2010 年南昌市总体火灾和并发火灾的灭火时间统计规律，并发火灾占火灾总量的 10.4%，且并发火灾的平均出动时间和平均战斗时间均大于城市总体火灾的平均值，说明并发火灾对消防救援产生了一定不利的影响。

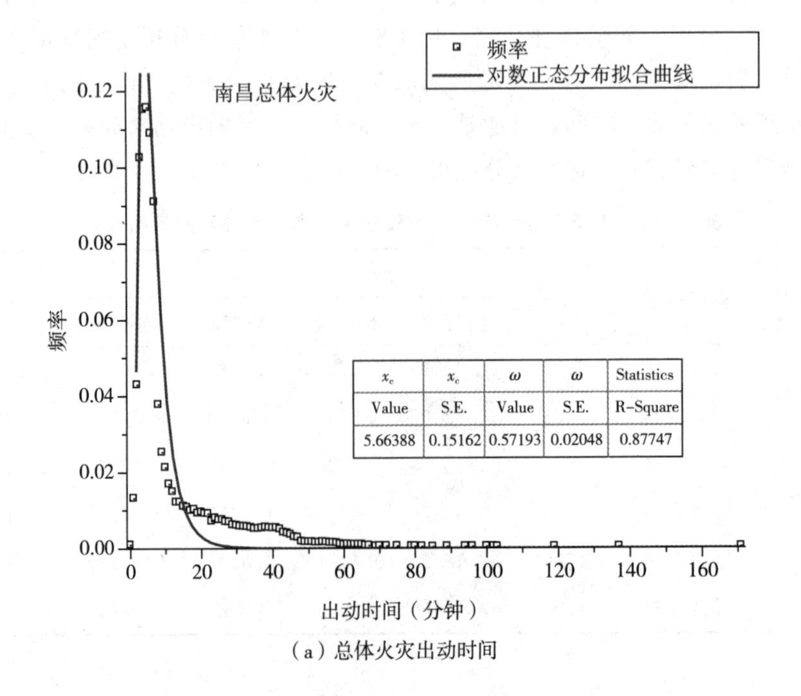

（a）总体火灾出动时间

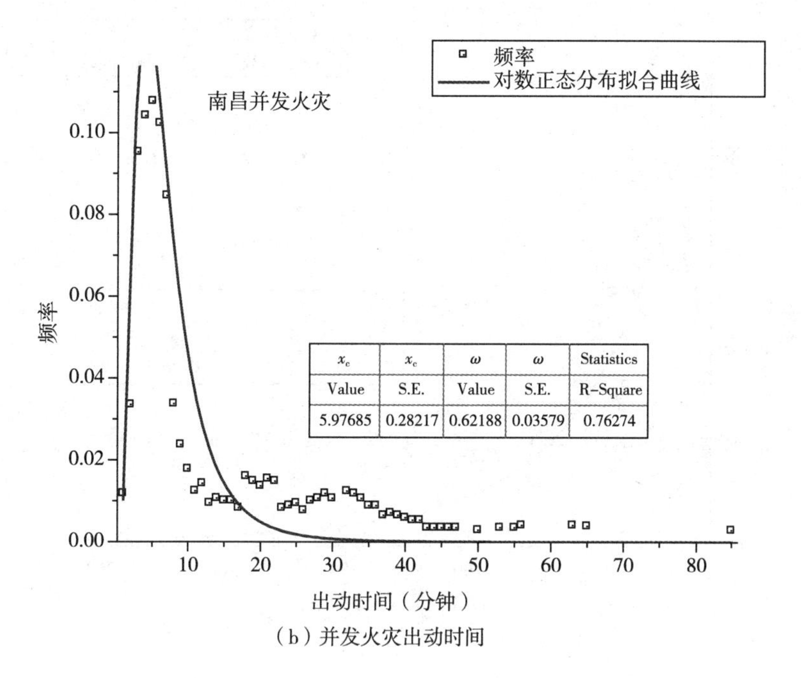

x_c	x_c	ω	ω	Statistics
Value	S.E.	Value	S.E.	R-Square
5.97685	0.28217	0.62188	0.03579	0.76274

（b）并发火灾出动时间

图 2－8　南昌市 2000—2010 年总体火灾与并发火灾出动时间

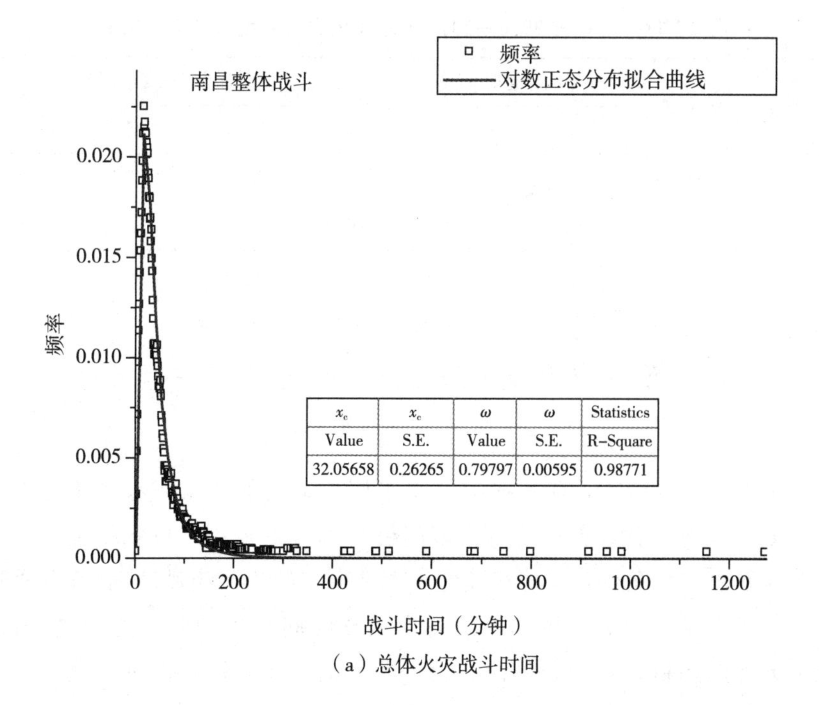

x_c	x_c	ω	ω	Statistics
Value	S.E.	Value	S.E.	R-Square
32.05658	0.26265	0.79797	0.00595	0.98771

（a）总体火灾战斗时间

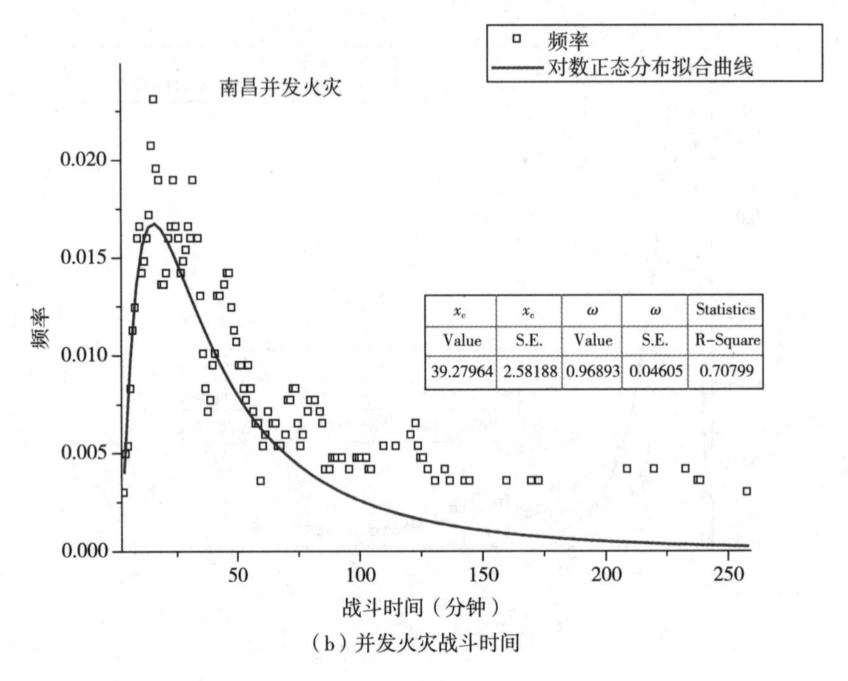

（b）并发火灾战斗时间

图 2-9　南昌市 2000—2010 年总体火灾与并发火灾战斗时间

表 2-17　南昌市 2000—2010 年总体火灾与并发火灾灭火时间

火灾类型	样本量	平均出动时间		R^2	平均战斗时间		R^2
		Value	S. E.		Value	S. E.	
总体火灾	2908	5.66388	0.15162	0.87747	32.05658	0.26265	0.98771
并发火灾	303	5.97685	0.28217	0.76274	39.27964	2.58188	0.70799

2.6　第一出动时间与战斗时间的相关性研究

对于消防救援而言，前人研究结果表明出动时间越早越有利于控制火灾损失，多数火灾在消防队到场后火情能够得到有效控制，也就是说出动时间与战斗时间之间存在着一定的相关性，图 2-10 给出了出动时间 60 分钟内出动时间与战斗时间的关系图，可以看出战斗时间与出动时间之间是分散的，体现了火灾的随机性规律，同时，每一出动时间下，战斗时间呈现“簇”分布特征，且多集中于下部，又体现了火灾的确定性规律。

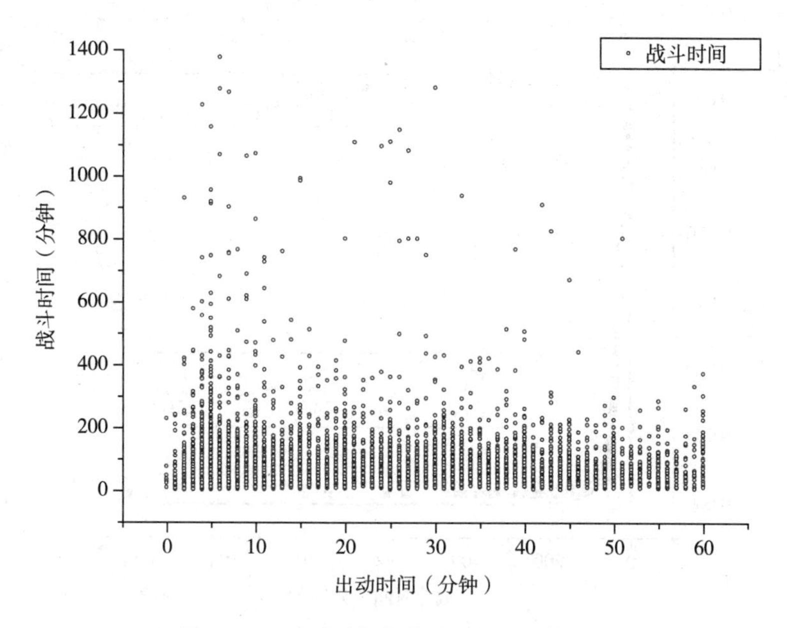

图 2-10　出动时间与战斗时间的总体分布

进一步分析某一出动时间下战斗时间的统计规律，图 2-11～图 2-18 给出了出动时间 3～10 分钟下对应战斗时间的分布规律，可以看出战斗时间呈现较好的对数正态分布特征。

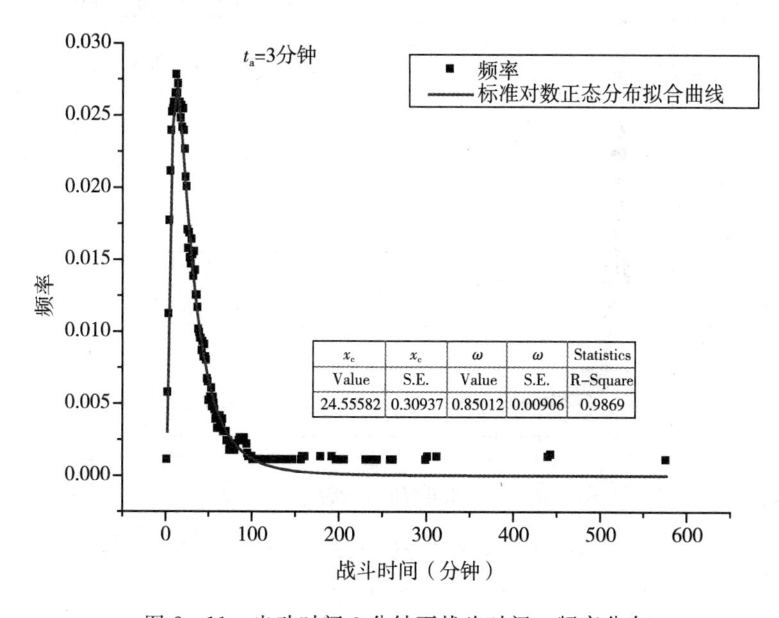

x_c	x_c	ω	ω	Statistics
Value	S.E.	Value	S.E.	R-Square
24.55582	0.30937	0.85012	0.00906	0.9869

图 2-11　出动时间 3 分钟下战斗时间—频率分布

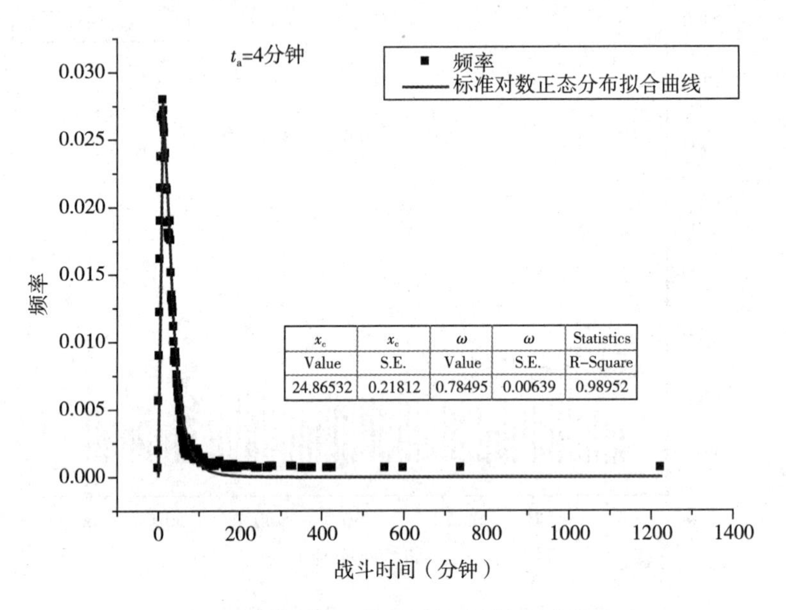

图 2-12　出动时间 4 分钟下战斗时间—频率分布

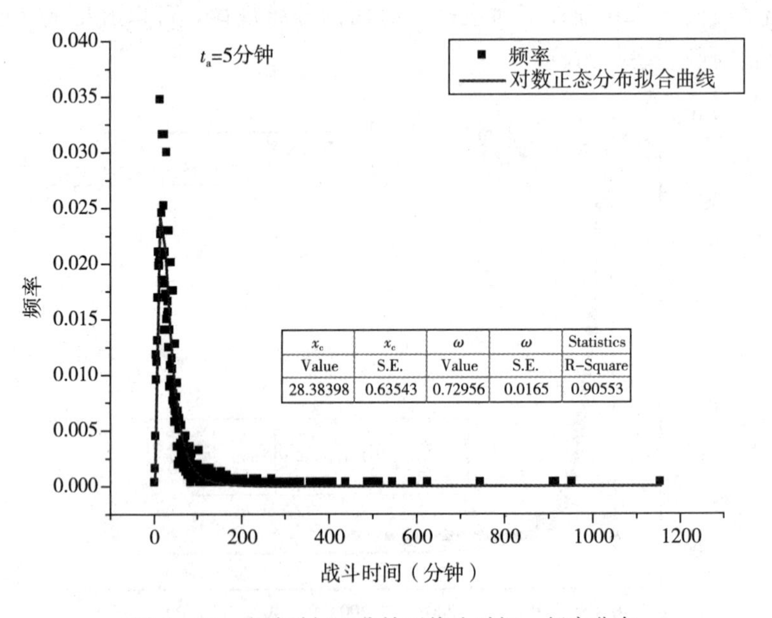

图 2-13　出动时间 5 分钟下战斗时间—频率分布

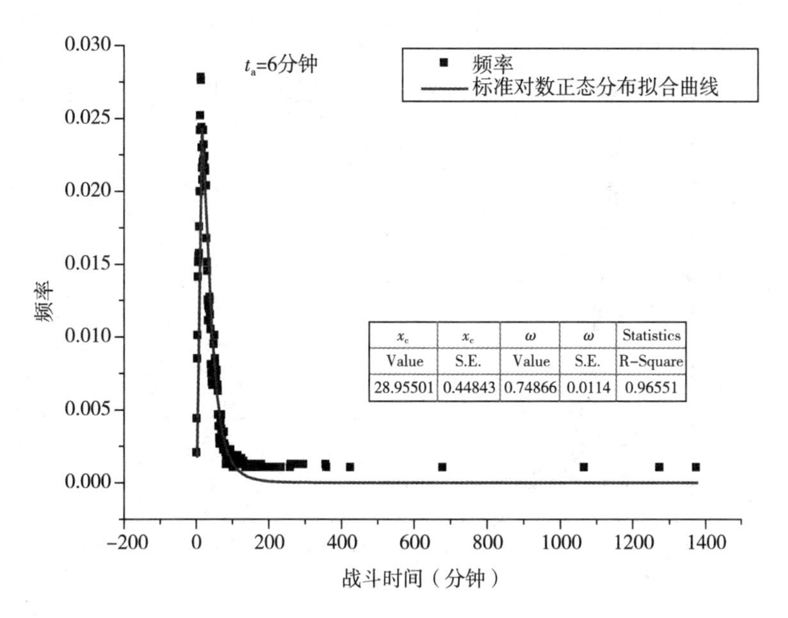

图 2-14　出动时间 6 分钟下战斗时间—频率分布

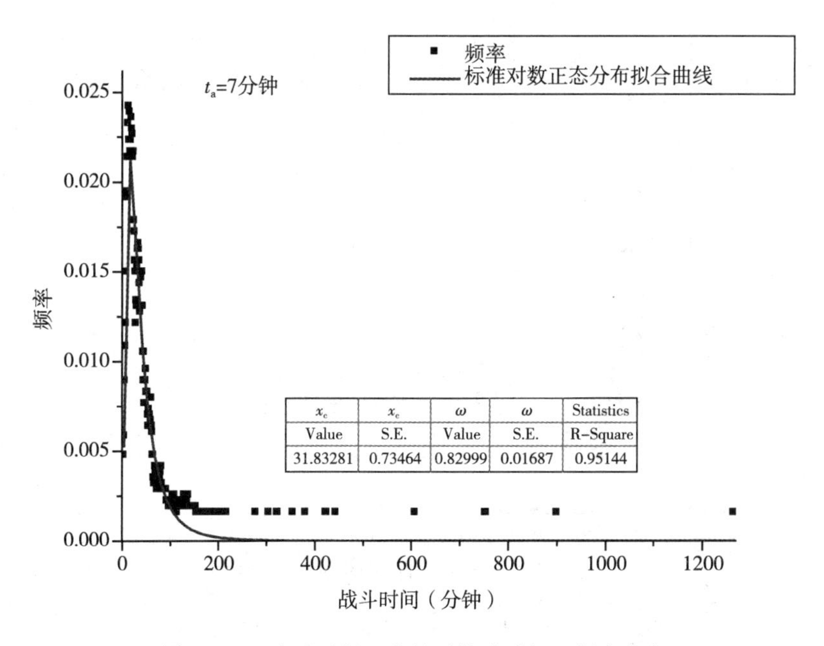

图 2-15　出动时间 7 分钟下战斗时间—频率分布

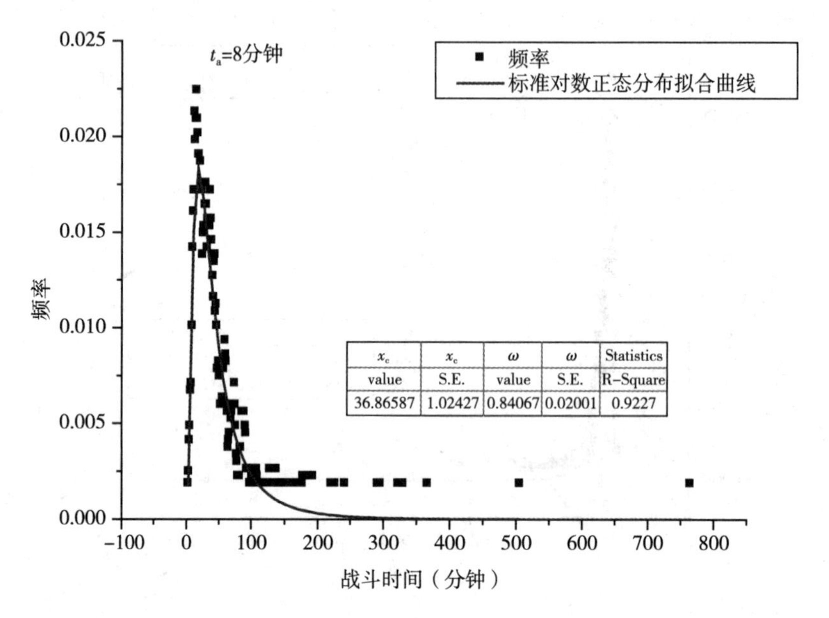

图 2-16　出动时间 8 分钟下战斗时间—频率分布

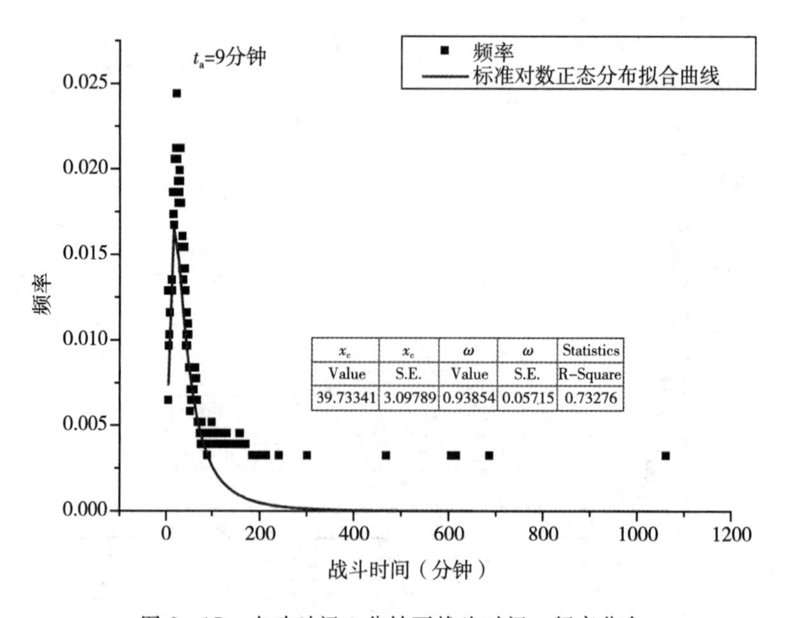

图 2-17　出动时间 9 分钟下战斗时间—频率分布

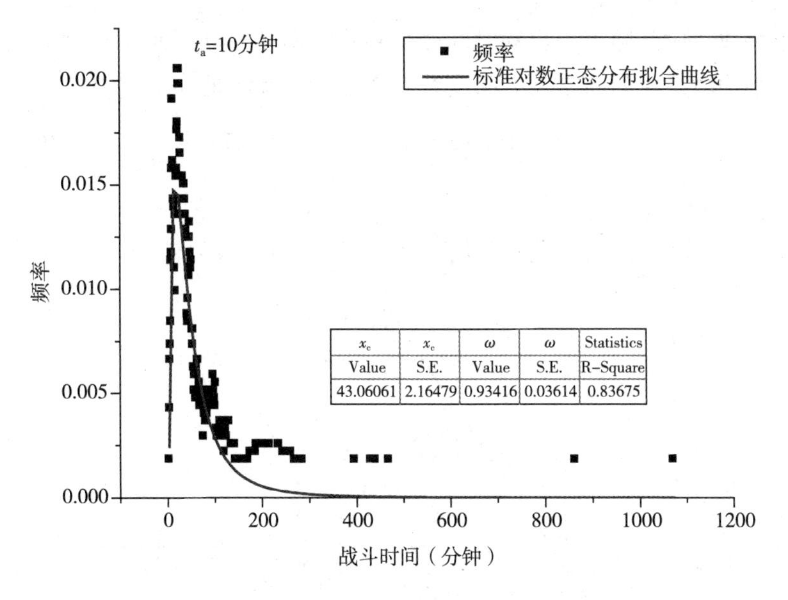

图 2－18　出动时间 10 分钟下战斗时间—频率分布

表 2－18 给出了不同出动时间下（出动时间 30 分钟内）平均战斗时间的标准对数正态分布参数，可以看出随着出动时间的增大，平均战斗时间随之增加，二者呈现正相关特性。

表 2－18　战斗时间与出动时间

出动时间（分钟）	样本量	x_c Value	x_c S. E.	ω Value	ω S. E.	R^2
3	929	24. 55582	0. 30937	0. 85012	0. 00906	0. 9869
4	1560	24. 86532	0. 21812	0. 78495	0. 00639	0. 98952
5	3136	28. 63167	0. 16432	0. 73254	0. 00423	0. 99329
6	994	28. 95501	0. 44843	0. 74866	0. 0114	0. 96551
7	627	31. 83281	0. 73464	0. 82999	0. 01687	0. 95144
8	535	36. 86587	1. 02427	0. 84067	0. 02001	0. 9227
9	312	39. 73341	3. 09789	0. 93854	0. 05715	0. 73276
10	545	43. 06061	2. 16479	0. 93416	0. 03614	0. 83675
15	404	50. 45226	3. 00554	0. 91244	0. 04206	0. 72916
20	458	53. 67428	3. 07449	0. 89563	0. 04124	0. 73833
25	268	56. 28307	4. 44698	1. 18414	0. 14727	0. 62699
30	372	57. 28881	4. 29914	0. 78617	0. 05556	0. 53585

平均战斗时间随第一出动时间变化趋势如图 2 - 19 所示，出动时间 15 分钟内，平均战斗时间随出动时间呈线性特征，二者满足：

$$t_f = 16.61 + 2.38 t_a \qquad t_a \leqslant 15 \tag{2-4}$$

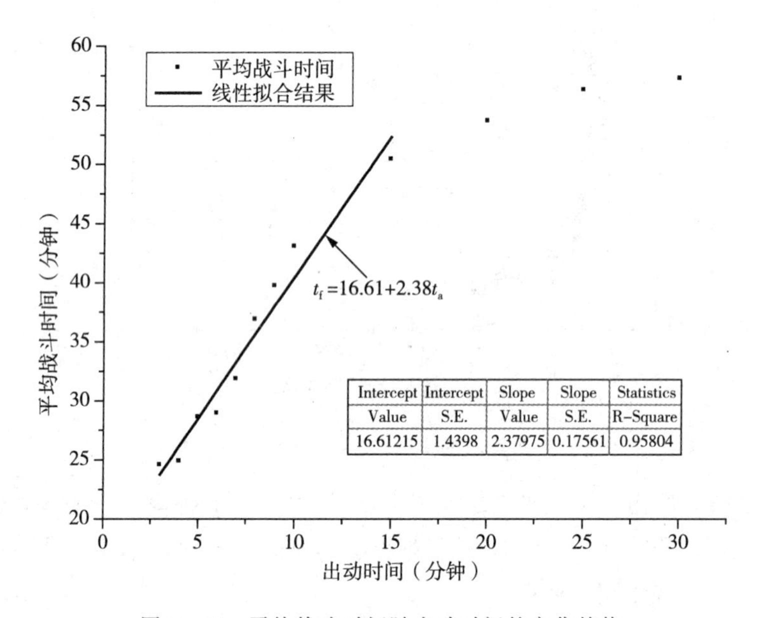

Intercept Value	Intercept S.E.	Slope Value	Slope S.E.	Statistics R-Square
16.61215	1.4398	2.37975	0.17561	0.95804

图 2 - 19　平均战斗时间随出动时间的变化趋势

出动时间在 15 分钟内时，消防部队越早到达越有利于提高控火效率，因为在火灾发展初期，火灾功率和规模均较小，火情容易得到快速控制，而较晚到达火灾现场，火灾规模得到了快速发展，将增加消防部队的作战时间；同时，出动时间大于 15 分钟后，平均战斗时间随出动时间增长趋势逐渐变缓，即出动时间对战斗时间的影响减弱。这是由于一般情况下，火灾规模在一定时间发展后会进入到一个相对稳定的阶段，在火灾稳定阶段消防部队到场时间的早晚对战斗时间的敏感度降低。

2.7　本章小结

本章基于江西省 2000—2010 年建筑火灾灭火时间的统计数据，对第一出动时间和战斗时间进行了统计分析，得到如下结论：

建筑火灾的出动时间满足对数正态分布，不同火灾场所和城市区域的统计结果表明其对应的出动时间仍满足对数正态分布。

不同场所接警出动时间存在差异，住宅、厂房和仓库的平均出动时间较长，而商业场所、公共娱乐场所、宾馆和餐饮场所的平均出动时间优于城市平均水平。同时，城市市区和县城城区的平均出动时间较短，而集镇镇区和郊区农村的平均出动时间较长，不同场所对应各城市区域火灾数量分布情况表明，各场所接警出动时间的差异主要是其地理位置造成的，与火灾场所的性质无关。

南昌市 2000—2010 年火灾统计数据表明，并发火灾的平均出动时间和平均战斗时间均大于城市平均水平，说明并发火灾对消防救援有一定的不利影响。

不同出动时间下“战斗时间—频率”满足对数正态分布，随着出动时间的增长，平均战斗时间随之增大，二者呈现正相关特性。同时，出动时间 15 分钟内，平均战斗时间随出动时间线性增长；出动时间大于 15 分钟后，平均战斗时间随出动时间增长趋势逐渐变缓。

第3章 建筑火灾过火面积与灭火时间的相关性分析

本章符号表

符号	说明
N	战斗时间区间，N=1，2，…，12=［1，20］，［21，40］，…，［221，240］
X	过火面积（m^2）
$P(X=x_i \mid N)$	战斗时间区间为 N 时，过火面积为 X 时的发生概率
x_i	过火面积离散值
$A(N)$	过火面积—概率幂函数系数
$B(N)$	过火面积—概率幂函数系数

3.1 引　言

近年来，关于火灾的幂律特征研究取得了一定进展（Shpilberg DC（1977），Ramachandran（1972），Song（2003），Lu（2013）），已有研究发现森林火灾和城市火灾的“频率—损失”能够较好地满足幂律分布规律，具有自组织临界性的基本特征（Ramachandran（1998），Wang J H et al.（2011）），而火灾系统如具有稳定的幂律分布，则对灾害防治具有重要的指导意义（Song，2006）。

在城市建筑火灾统计研究中，Holborn et al.（2006）以表格的形式研究了建筑火灾大小和消防响应时间之间的关系，并讨论了建筑类型、着火时间、报警时间及居民第一救援力量的影响。彭晨（2010），Lu（2013）研究了出动时间与过火面积的相关性，并揭示了每一出动时间下过火面积—频率满足幂律特征，并指出该幂律特征适用于火灾发生初期（出动时间 12 分钟内）。而本书第二章的研究表明出动时间和战斗时间具有一定相关性，是否可以推断战斗时间一定条件下过火面积—频率同样满足幂律特征呢?

本章的研究重点是城市建筑火灾损失与灭火战斗时间的相关性，Sardqvist et al（2000）通过研究伦敦地区 1994—1997 年间 307 起非居民的建筑火灾统计数据，发现平均战斗时间随过火面积线性增加，定性地说明了建筑物和火源特性决定了过火面积的大小。但受制于火灾样本量较少，其研究结果的通用性有待验证。同时对于建筑火灾而言，建筑结构和可燃物性质对过火面积影响较大（Fontana M et al，1999)，且火灾发生初期之后，过火面积与出动时间关系不大，而主要与战斗时间相关（彭晨，2010)，因此研究战斗时间与过火面积的相关性具有更为广泛的适用范围。本章的研究结果表明建筑类别对战斗时间同样具有较大影响，若战斗时间一定条件下过火面积—频率的幂律关系存在，则可以进一步给出不同火灾场所过火面积—频率的幂律分布差异，对于指导消防部队开展灭火战斗资源调度具有更为直接的指导意义。

3.2　数据和分析方法

本章中采用的火灾统计数据由江西省消防总队提供，统计数据包含 2000—2010 年间 20630 条城市火灾记录，为灭火救援情况的真实反映，其中城市建筑火灾 15950 条，详细记录了每一起火警接警处置情况及火灾损失情况。在分析火灾损失与灭火时间的相关性时，研究者较常采用的火灾损失指标包括：直接经济损失、过火面积、人员伤亡等，本章采用过火面积表征建筑火灾损失，这是因为过火面积能够更好地表征建筑火灾的差异化特征，同时以 2007—2010 年江西省火灾总体统计情况为例（如图 3 - 1 所示)，过火面积与火灾起数总体趋势保持一致，更有利于真实反映建筑火灾损失的统计规律。

本章的研究范围为过火面积小于 2000 平方米、战斗时间 4 小时以内的城市建筑火灾，这是因为统计发现过火面积小于 2000 平方米的火灾数量占城市总体火灾数量的 99.8%，可以表征城市总体火灾统计规律，而建筑火灾相较其他类型城市火灾如交通工具、露天框架等能更好地反映过火面积特征，在

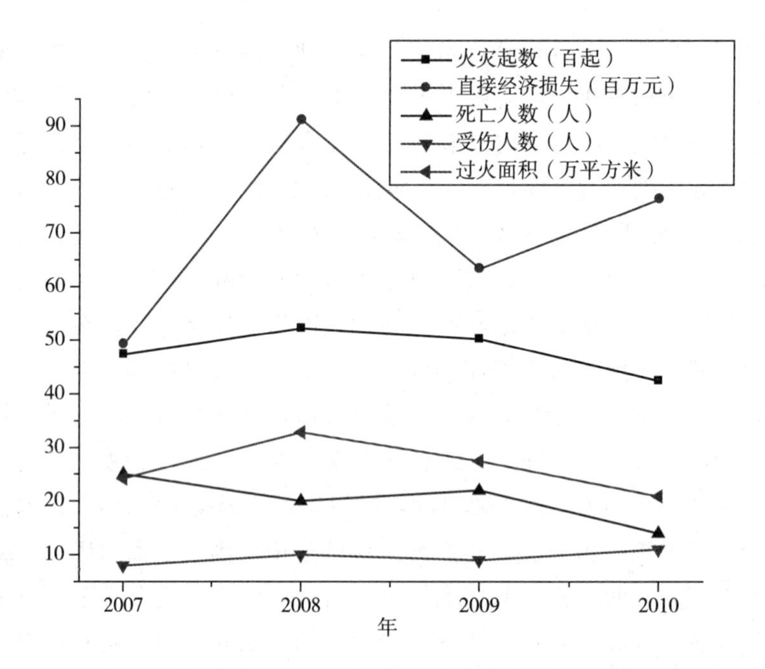

图 3－1　江西省 2007—2010 年城市建筑火灾损失总体趋势

这部分火灾中战斗时间 4 小时以内的火灾占数据总量的 96.9%，能够代表总体火灾数据统计规律，关于各部分数据的相互关系如图 3－2 所示。

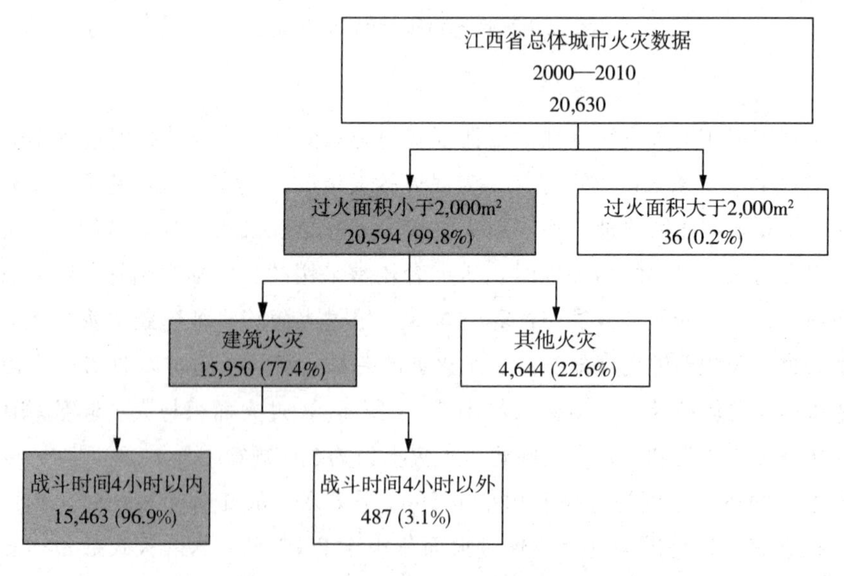

图 3－2　江西省建筑火灾统计数据

针对不同起火场所战斗时间与过火面积分布规律的研究中将主要针对住宅、商业场所、公共娱乐场所、餐饮场所、宾馆、工厂和仓库开展分析，上述七类场所火灾数据14385条，占数据总量的93.03%。

分析方法上，本章将通过幂律关系研究过火面积与战斗时间的相关性，并应用对应分析方法分析不同火灾场所和不同城市区域对过火面积的宏观影响。

3.3　过火面积与战斗时间的相关性

3.3.1　城市建筑火灾过火面积与战斗时间的相关性

在研究战斗时间与过火面积的相关性时，因为每一分钟战斗时间下的样本量较少，需要对战斗时间进行分段，研究者可根据火灾数据的实际情况对战斗时间进行分段。本章按照每20分钟划分一个区间，一方面区间过小难以保证数据量，另一方面区间过大则数组过少，且无对实际消防战斗的指导意义。战斗时间序列记 $N=1,2,\cdots,12=[1,20],[21,40],\cdots,[221,240]$。

图3-3给出了不同战斗时间区间下过火面积—频率的关系曲线，在双对数坐标下过火面积和频率满足线性关系，说明在不同战斗时间区间下城市建筑火灾过火面积—概率存在幂律分布特征。同时，由图3-3可以看出随着战斗时间的增长，拟合直线斜率的绝对值逐渐减小。该斜率可表征战斗效率，即斜率的绝对值越大，控火能力越强，大火发生概率越小。

在固定的战斗区间下，过火面积（X）的概率分布满足幂函数分布，幂函数可定义为：

$$p(X=x_i \mid N)=A(N)\cdot x_i^{B(N)} \tag{3-1}$$

其中，$p(X=x_i \mid N)$表示战斗时间区间为 N，过火面积为 X 时的发生概率；X 是过火面积的离散随机变量；x_i 为 X 的可能值，$i=1,2,3,\cdots,2000$；$A(N)$，$B(N)$为与战斗时间区间相关的系数。

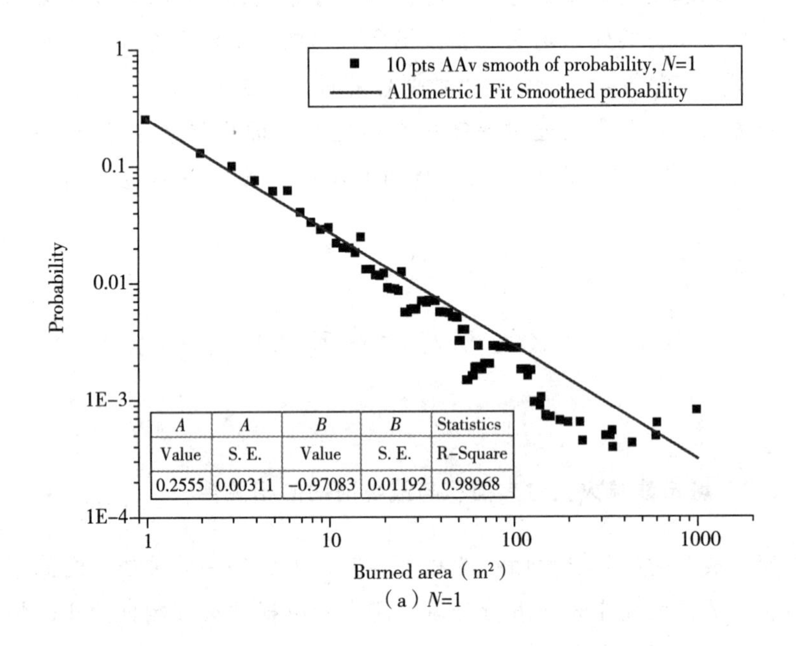

A	A	B	B	Statistics
Value	S. E.	Value	S. E.	R-Square
0.2555	0.00311	-0.97083	0.01192	0.98968

（a）N=1

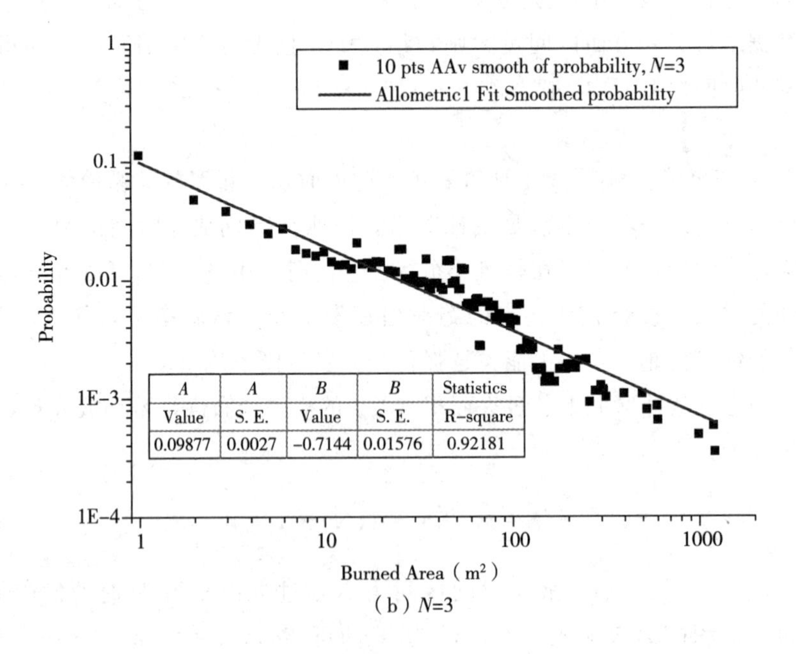

A	A	B	B	Statistics
Value	S. E.	Value	S. E.	R-square
0.09877	0.0027	-0.7144	0.01576	0.92181

（b）N=3

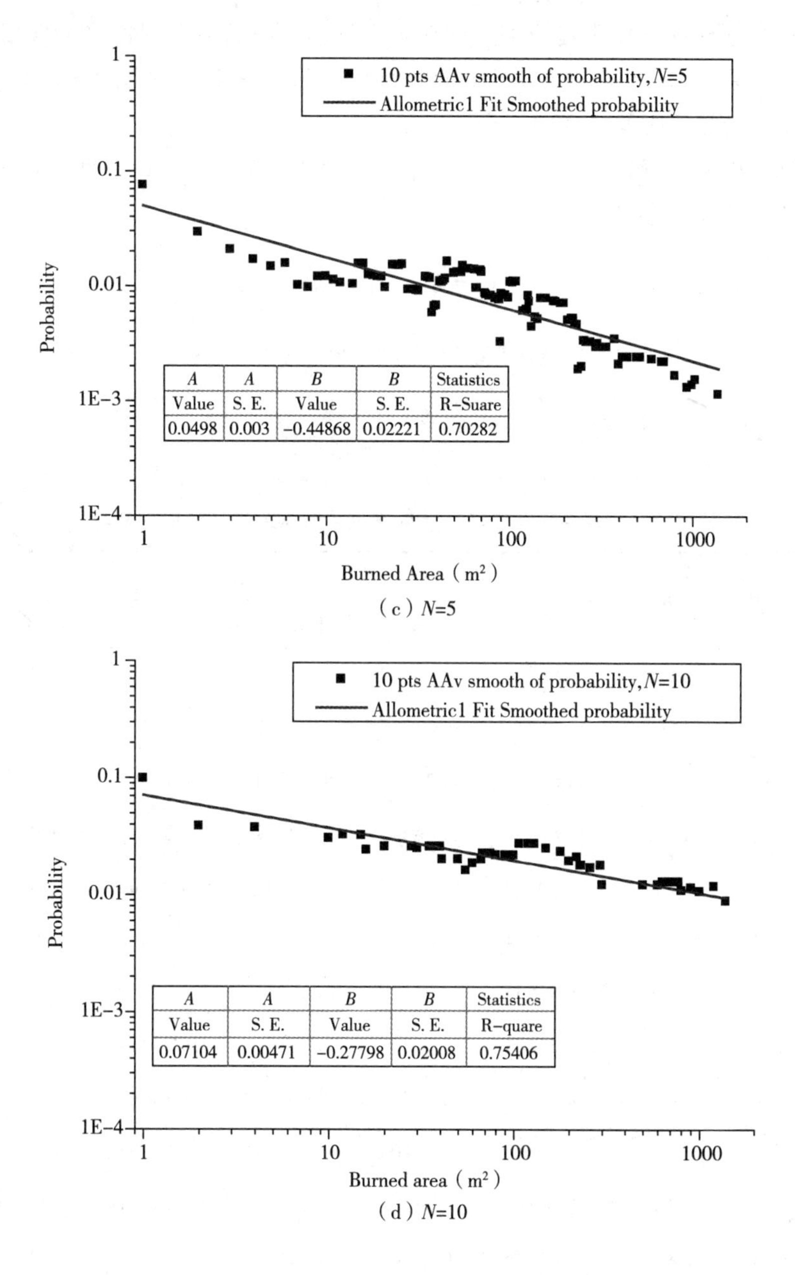

(c) N=5

(d) N=10

图 3-3　过火面积—频率分布

表 3-1 为战斗时间 4 小时以内所有数据集的拟合系数。根据拟合结果，幂函数分布适用范围为战斗时间 220 分钟之内，这可能是由于战斗时间 220

分钟后数据样本量较小造成的。同时，系数 $A(N)$ 随战斗时间区间满足指数分布，而系数 $B(N)$ 随战斗时间区间呈线性关系，图 4-4 和图 4-5 给出了幂函数系数随战斗时间区间的拟合情况。

基于以上分析，战斗时间 220 分钟，江西省 2000—2010 年建筑火灾过火面积 X 满足幂函数：

$$\begin{cases} p\ (X=x_i\,|N)\ =A\ (N)\ \cdot x_i^{B(N)} \\ A\ (N)\ =0.25372\times N^{-0.86236} \qquad (N\leqslant 11) \\ B\ (N)\ =0.07828\times N^{-0.92886} \end{cases} \qquad (3-2)$$

表 3-1 每一战斗区间下过火面积—概率幂函数的拟合系数

战斗时间	样本数	平滑数据				
		R^2	A	标准差（A）	B	标准差（B）
1～20	3743	0.98968	0.25550	0.00311	−0.97083	0.01192
21～40	4879	0.98211	0.14395	0.00192	−0.82172	0.00935
41～60	2887	0.92181	0.09877	0.00274	−0.71442	0.01576
61～80	1534	0.81090	0.06003	0.00277	−0.52591	0.01885
81～100	867	0.70282	0.04980	0.00300	−0.44868	0.02221
101～120	538	0.71691	0.04507	0.00262	−0.39289	0.01971
121～140	380	0.80664	0.04629	0.00231	−0.33359	0.01550
141～160	238	0.64624	0.04308	0.00300	−0.25464	0.01986
161～180	173	0.53114	0.03675	0.00294	−0.16641	0.01990
181～200	112	0.75406	0.07104	0.00471	−0.27798	0.02008
201～220	87	0.61290	0.04260	0.00274	−0.14401	0.01517
221～240	53	0.01028	0.05488	0.01791	−0.08774	0.07307
Total	15491	—	—	—	—	—

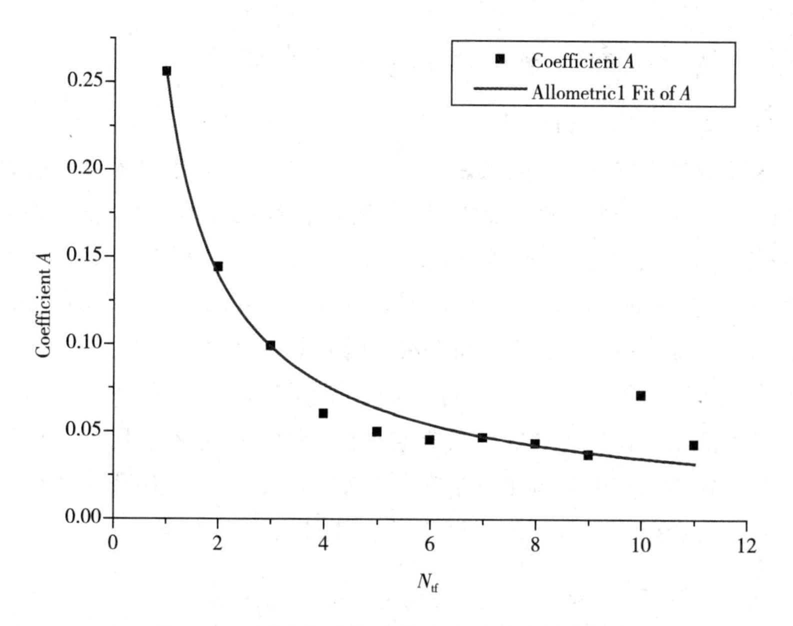

图 3－4　幂函数系数 A 随战斗区间的拟合曲线

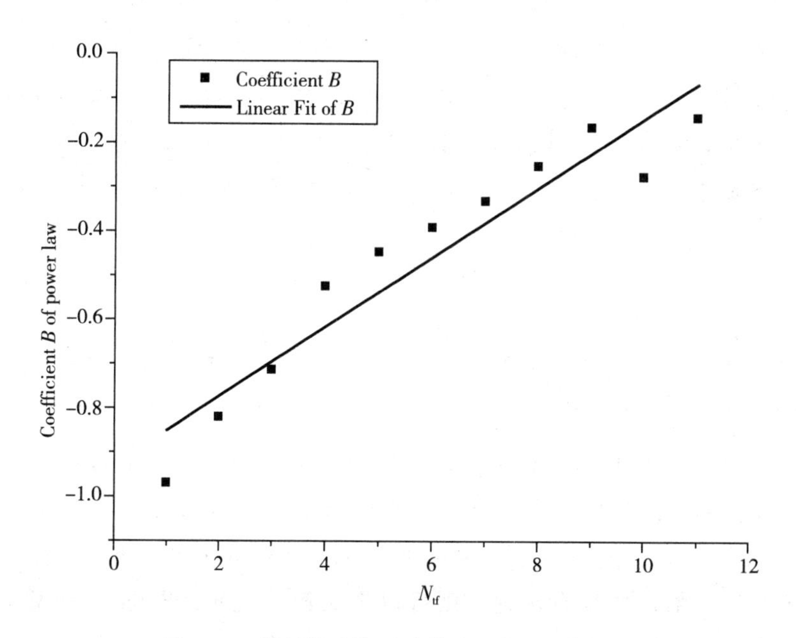

图 3－5　幂函数系数 B 随战斗区间的拟合曲线

3.3.2 火灾场所对“频率—过火面积”分布的影响

1. 火灾场所—过火面积对应分析

过火面积和火灾场所的列联表见表 3－2 所列，前两维主轴对应的累积惯量为 61％和 99％。依据累计惯量大于 70％有效的原则（Marco Diana and Cristina Pronello（2010），Halil Ibrahim Cakir et al.（2006），Eric J. Beh et al.（2011），Jacques Benasseni（1993），Nadia Sourial et al.（2010）），说明第一、第二主轴可以表征火灾场所和战斗时间的相关性。

对应分析图如图 3－6 所示，可以看出商业场所、公共娱乐场所和餐饮场所具有相似的轮廓，住宅和宾馆具有相似的轮廓，仓库和工厂具有相似的轮廓，说明建筑结构和可燃物性质在一定程度上决定了过火面积的大小（Neil，2010）。同时只有厂房和仓库倾向于过火面积较大的轮廓。

表 3－2　火灾场所和过火面积列联表

火灾场所	过火面积（m^2）				合计
	1～40	41～80	81～150	151～2000	
住宅	5545	1636	782	296	8259
商业场所	690	101	48	36	875
公共娱乐场所	183	21	11	7	222
餐饮场所	303	27	5	3	338
宾馆	119	41	8	1	169
仓库	735	153	106	112	1106
厂房	2157	615	357	287	3416
合计	9732	2594	1317	742	14385

表 3－3 为火灾场所和过火面积在第一、第二主轴上的惯量分解，可以看出过火面积的质量 1～40m^2最大，之后是 41～80m^2，81～120m^2，最后是 121～240m^2，据此可以定义主轴含义，由图 3－6 可以看出过火面积由小到大依第一主轴从左至右排列，则可以定义第一主轴表征过火面积，过火面积较小的火灾倾向于第一主轴的左侧，过火面积较大的火灾倾向于第一主轴的右侧。

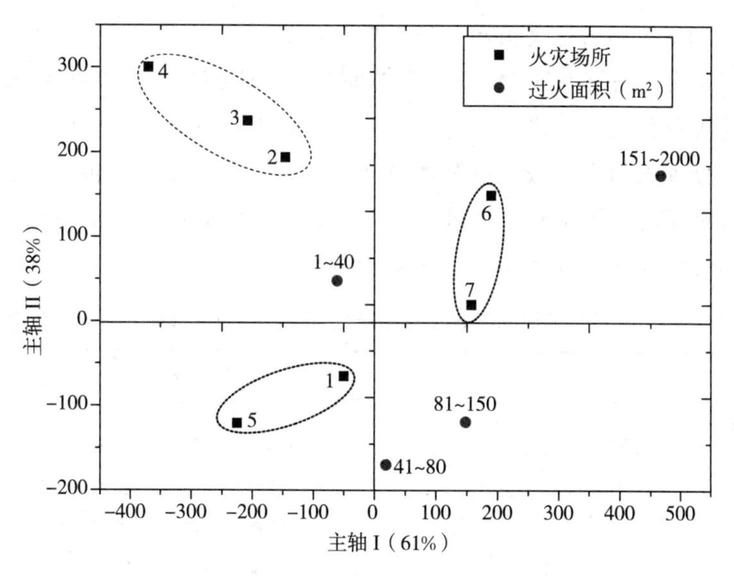

图 3－6　火灾场所和过火面积对应分析图

1—住宅；2—商业场所；3—公共娱乐场所；4—餐饮场所；5—宾馆；6—仓库；7—厂房

表 3－3　火灾场所和过火面积在第一、第二主轴上的惯量分解 *

火灾场所	相对贡献度	质量	惯量	第一主轴			第二主轴		
				坐标	相对贡献度	绝对贡献度	坐标	相对贡献度	绝对贡献度
住宅	996	574	149	－50	368	89	－65	628	250
商业场所	1000	61	139	－146	362	82	194	638	236
公共娱乐场所	993	15	60	－208	433	42	237	560	90
餐饮场所	999	23	207	－370	603	203	300	396	219
宾馆	777	12	30	－225	602	38	－121	175	18
仓库	1000	77	173	189	616	174	149	384	178
厂房	998	237	232	157	982	372	20	16	10
过火面积（m²）									
1～40	1000	677	158	－61	613	158	48	387	163
41～80	986	180	206	19	12	4	－170	974	542
81～150	950	92	128	148	577	126	－119	373	134
151～2000	998	52	498	467	878	712	173	121	161

注：* 所有计算值乘以 1000 并忽略小数点后的值。

2. 不同火灾场所过火面积—频率幂律分布

对不同火灾场所进行240分钟战斗时间下过火面积—概率幂律分布研究，发现除餐饮和宾馆外，住宅、商业场所、公共娱乐场所、仓库和厂房在战斗时间120分钟内均存在较好的幂律分布特征，而大于120分钟的样本数量较少，很难对其进行线性拟合，同时餐饮和宾馆场所的样本多集中在战斗时间大于40分钟后，拟合效果较差。各场所拟合参数见表3-4所列。

表3-4 不同战斗区间下各火灾场所过火面积—频率幂律分布拟合参数

火灾场所	战斗时间	样本数	平滑数据				
			R^2	A	标准差（A）	B	标准差（B）
住宅	1～20	1819	0.97942	0.19500	0.00383	−0.83861	0.01550
	21～40	2660	0.95571	0.09075	0.00211	−0.64041	0.01169
	41～60	1630	0.81527	0.04446	0.00211	−0.41989	0.01677
	61～80	890	0.50924	0.02664	0.00219	−0.28713	0.02409
	81～100	482	0.33463	0.02121	0.00182	−0.15264	0.02287
	101～120	286	0.61039	0.03052	0.00204	−0.22564	0.01838
商业场所	1～20	310	0.98957	0.24402	0.00444	−0.85220	0.01652
	21～40	272	0.9512	0.16513	0.00573	−0.69016	0.02448
	41～60	129	0.72993	0.10629	0.00863	−0.49910	0.04228
	61～80	51	0.49205	0.08289	0.00899	−0.37158	0.03799
	81～100	38	0.94830	0.12814	0.00467	−0.31893	0.01356
	101～120	26	0.03208	0.04533	0.00631	−0.03885	0.03086
公共娱乐场所	1～20	81	0.99019	0.31082	0.00700	−0.76477	0.02269
	21～40	80	0.89304	0.21747	0.01330	−0.70187	0.04969
	41～60	30	0.94281	0.22537	0.01063	−0.45335	0.0245
	61～80	14	0.85899	0.30988	0.02855	−0.36979	0.05131
	81～100	11	0.93323	0.33493	0.01858	−0.11736	0.01441
餐饮场所	1～20	138	0.98254	0.20328	0.00561	−0.58232	0.02014
	21～40	139	0.92203	0.11461	0.00546	−0.3791	0.02372
	41～60	37	0.21835	0.13692	0.03137	−0.19521	0.09928

（续表）

火灾场所	战斗时间	样本数	平滑数据				
			R^2	A	标准差(A)	B	标准差(B)
宾馆	1～20	70	0.8929	0.15184	0.00911	−0.4226	0.03816
	21～40	57	0.82709	0.10848	0.00761	−0.29703	0.03295
	41～60	28	0.02083	0.07528	0.01342	−0.05672	0.05501
仓库	1～20	164	0.95563	0.19994	0.00728	−0.72264	0.02854
	21～40	297	0.86027	0.12032	0.00685	−0.58155	0.03274
	41～60	210	0.64652	0.06580	0.00576	−0.31613	0.03403
	61～80	142	0.59371	0.06612	0.00612	−0.26207	0.03558
	81～100	82	0.71902	0.04844	0.00260	−0.14824	0.01423
	101～120	60	0.83622	0.06572	0.00313	−0.20296	0.01477
厂房	1～20	653	0.97972	0.34942	0.00722	−1.15876	0.03012
	21～40	1036	0.95246	0.23772	0.00597	−1.09146	0.03096
	41～60	698	0.92431	0.22799	0.00763	−1.02215	0.04092
	61～80	360	0.73135	0.13678	0.00952	−0.73724	0.0518
	81～100	220	0.89056	0.14241	0.00640	−0.54848	0.02101
	101～120	138	0.73250	0.07243	0.00519	−0.27964	0.02238

不同战斗时间下各场所拟合系数 B 具有良好的线性拟合关系，如图 3－7 所示，可以看出总体趋势上不同战斗时间下仓库的 B 值最高，然后是住宅、公共娱乐场所和商业场所，最后是厂房，说明按战斗效率或控火能力排序，仓库最差，然后是住宅、公共娱乐场所和商业场所，最后是厂房。同时，将各场所拟合系数 B 拟合直线的斜率排序，住宅最高，然后是公共娱乐场所、商业场所和厂房，最后是仓库。即随着战斗时间的增大，住宅的战斗效率衰减最快，公共娱乐场所、商业场所和厂房次之，仓库衰减最慢。

过火面积—概率幂律分布中系数 B 可以表征战斗效率，而仓库的战斗效率最差，然后是住宅、公共娱乐场所和商业场所，最后是厂房。战斗效率的影响因素很多，对仓库而言，其火灾荷载很大（Holborn P G，2002），且一般而言建筑防火分区较大，短时间内形成大面积火灾的可能性高，这些都是

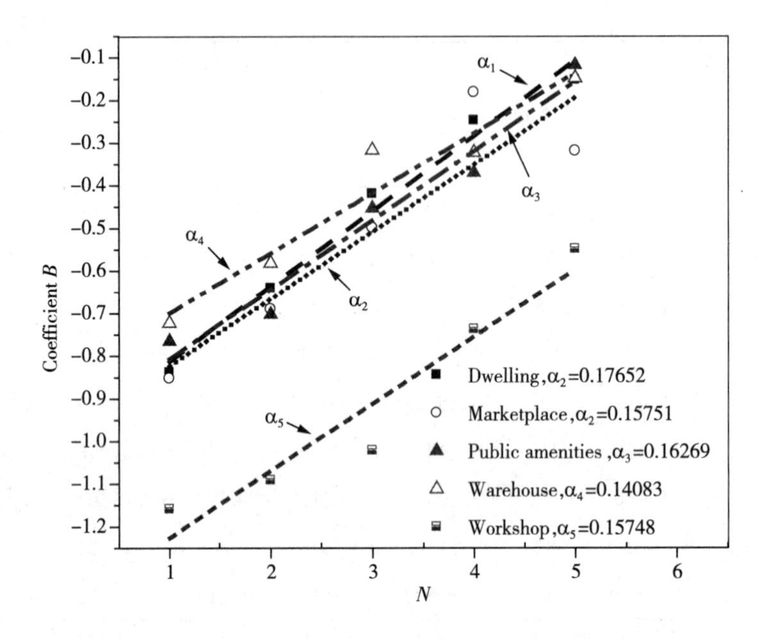

图 3-7 不同火灾场所"频率—过火面积"幂函数系数 B 的回归曲线

影响消防战斗效率的因素，对于住宅，一方面其火灾主要发生在卧室或厨房，火灾荷载较大（N. Challands（2010），Robertson，A. F.（1970））；另一方面，在中国，住宅内没有自动灭火设施和排烟设施，火灾发展蔓延迅速甚至可能形成轰燃，从而影响消防战斗效率，公共娱乐场所和商业场所属于公共建筑，火灾荷载密度与住宅相当（SUNIL KUMAR，1995），火灾发现时间一般比较及时（高伟，2009），且此类场所内均设有自动灭火设施，在火灾初期能够一定程度上控制火势的发展。厂房作为生产车间，火灾荷载密度相对较低（Barnett，C. R.，1984），这可能是其战斗效率优于其他起火场所的主要原因。

3. 不同火灾场所的大火分析

2000—2010 年江西不同场所过火面积大于 500m² 火灾发生率如图 3-8 所示，仓库的大火发生率最高，达到 4.07%，宾馆没有发生过过火面积大于 500m² 的火灾，尽管住宅大火发生数达到 37 起，但其发生率仍低于 1%，主要是因为住宅的建筑结构决定了其一般不会形成大面积火灾。餐饮场所、公共娱乐场所和商业场所大火发生率较低，主要是因为这些场所易发生群死群伤火灾（陆松，2012），消防部门对这些场所的消防检查和管理力度大，火灾隐患能够被及时发现，故火灾数量和大火发生数量均低。

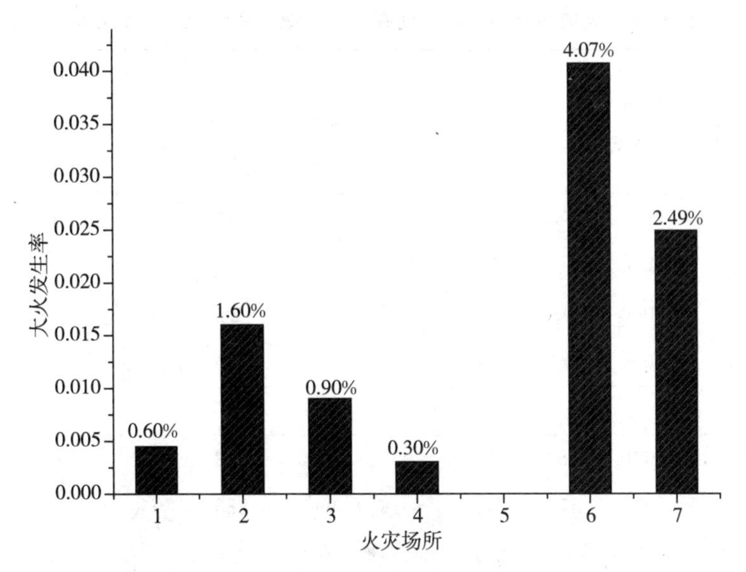

图 3-8　不同场所过火面积大于 500m² 火灾发生概率分布统计

1—住宅；2—商业场所；3—公共娱乐场所；4—餐饮场所；5—宾馆；6—仓库；7—厂房

3.3.3　城市区域对“频率—过火面积”分布的影响

1. 城市区域—过火面积对应分析

各城市区域内火灾过火面积分布见列联表 3-5 所列，可以看出城市市区和县城城区的火灾多集中于过火面积 1～40m² 的火灾，城市区域和过火面积的对应分析图（图 3-9）同样反映了其轮廓与过火面积 1～40m² 相似，而集镇镇区火灾倾向于过火面积 151～2000m² 的火灾，郊区农村则倾向于过火面积 41～150m² 的火灾。

表 3-5　城市区域和过火面积列联表

城市区域	过火面积（m²）				合计
	1～40	41～80	81～150	151～2000	
城市市区	3624	288	141	131	4184
县城城区	3142	661	310	213	4326
集镇镇区	842	292	135	135	1404
郊区农村	2737	1369	750	365	5221
合计	10345	2610	1336	844	15135

表 3-6　火灾场所和战斗时间在第一、第二主轴上的惯量分解 *

城市区域	相对贡献度	质量	惯量	主轴Ⅰ			主轴Ⅱ		
				坐标	相对贡献度	绝对贡献度	坐标	相对贡献度	绝对贡献度
城市市区	999	276	467	394	999	478	−11	1	15
县城城区	974	286	27	93	973	27	−1	0	0
集镇镇区	1000	93	48	−164	568	28	143	431	858
郊区农村	1000	345	458	−348	993	466	−28	7	126
过火面积（m^2）									
1～40	1000	684	304	202	1000	312	−4	0	4
41～80	999	172	376	−448	998	385	−11	1	9
81～150	998	88	241	−498	982	244	−64	16	164
151～2000	999	56	77	−308	744	59	181	256	823

注：* 所有计算值放大 1000 倍，同时小数点后的数字被忽略。

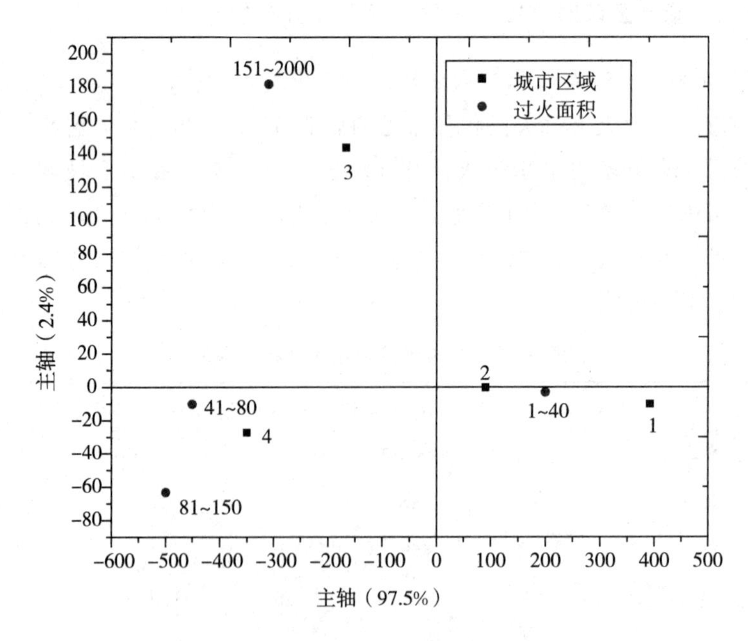

图 3-9　不同城市区域过火面积对应分析图

1—城市市区；2—县城城区；3—集镇镇区；4—郊区农村

2. 不同城市区域“频率—过火面积”幂律分布

根据城市区域与过火面积的对应分析可以看出，不同城市区域火灾的过火面积存在差异，对不同城市区域进行 240 分钟战斗时间下过火面积—概率幂律分布研究，发现除集镇镇区火灾外，城市市区、县城城区和郊区农村火灾频率—过火面积均满足幂律分布，其中城市市区火灾频率—过火面积试用范围为战斗时间 100 分钟，县城城区火灾频率—过火面积试用范围为战斗时间 120 分钟，郊区农村火灾频率—过火面积试用范围为战斗时间 140 分钟，各区域不同战斗区间下频率—过火面积分布如图 3-10～图 3-12 所示，随着战斗时间的增长，拟合直线的斜率逐渐变得平缓。各场所拟合参数见表 3-7 所列。

表 3-7　不同战斗区间下各城市区域过火面积—频率幂律分布拟合参数

火灾场所	战斗时间	样本数	平滑数据				
			R^2	A	标准差(A)	B	标准差(B)
城市市区	1～20	1492	0.98769	0.38074	0.00654	−1.07605	0.02148
	21～40	1466	0.99238	0.28602	0.00352	−0.99369	0.01315
	41～60	594	0.98306	0.21988	0.00415	−0.86741	0.01709
	61～80	217	0.94312	0.18146	0.00642	−0.77349	0.02842
	81～100	143	0.82738	0.14773	0.0095	−0.61745	0.04135
	101～120	87	0.30135	—	—	—	—
县城城区	1～20	1366	0.99042	0.18798	0.00274	−0.79353	0.01122
	21～40	1450	0.95246	0.09952	0.00266	−0.62637	0.0141
	41～60	669	0.73775	0.05583	0.00349	−0.41376	0.02399
	61～80	297	0.63729	0.05906	0.00488	−0.33882	0.02985
	81～100	161	0.49596	0.04351	0.00401	−0.21405	0.0269
	101～120	86	0.57135	0.0464	0.00353	−0.15938	0.0196
	121～140	91	0.24722	—	—	—	—
集镇镇区	1～20	180	0.9354	0.12114	0.00508	−0.49753	0.02292
	21～40	378	0.35811	—	—	—	—
	41～60	302	0.13588	—	—	—	—

（续表）

火灾场所	战斗时间	样本数	平滑数据				
			R^2	A	标准差（A）	B	标准差（B）
郊区农村	1～20	533	0.93124	0.13122	0.00452	−0.70378	0.02221
	21～40	1398	0.8049	0.06955	0.0034	−0.56879	0.02179
	41～60	1220	0.78523	0.07681	0.00388	−0.60391	0.02396
	61～80	780	0.57019	0.036	0.00278	−0.34195	0.02465
	81～100	442	0.53999	0.0382	0.00324	−0.26987	0.02466
	101～120	269	0.56396	0.03999	0.00329	−0.2804	0.02496
	121～140	189	0.64369	0.04212	0.00306	−0.2176	0.02
	141～160	113	0.39377	—	—	—	—

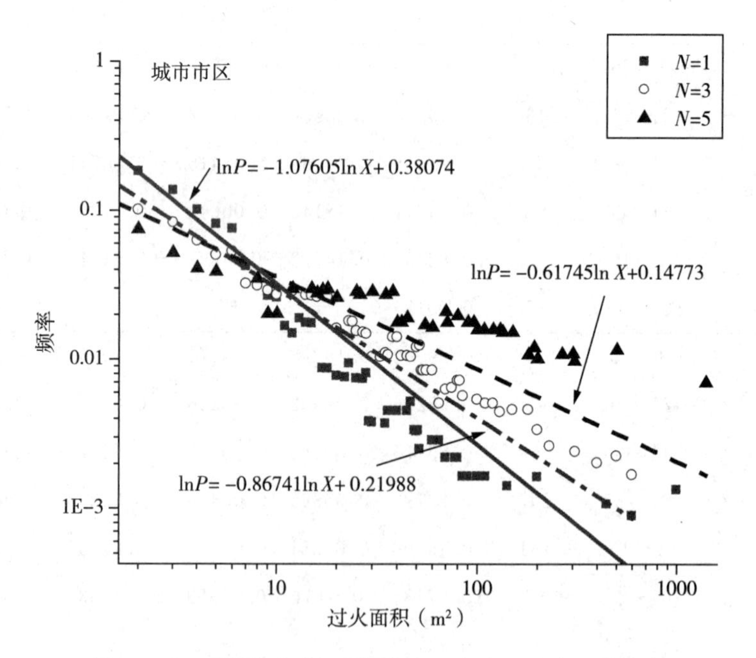

图 3－10　不同战斗时间下城市市区频率—过火面积分布

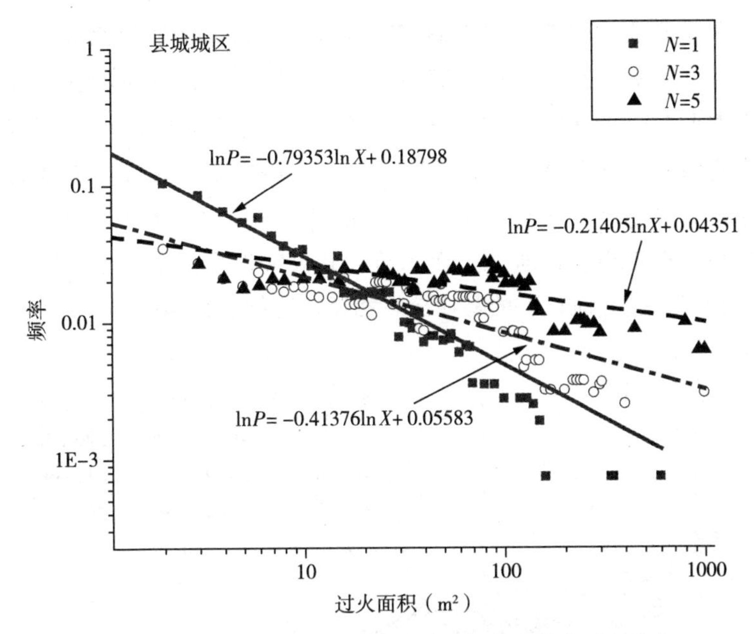

图 3-11　不同战斗时间下县城城区频率—过火面积分布

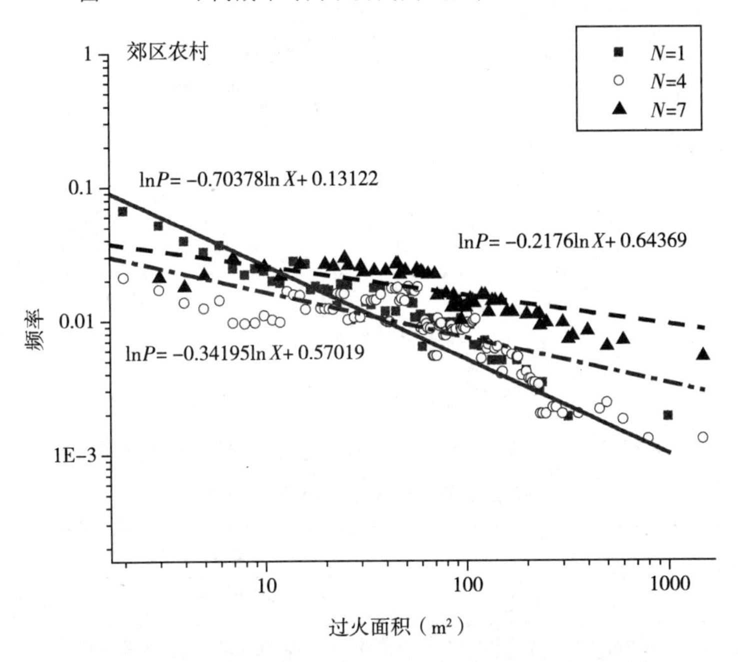

图 3-12　不同战斗时间下郊区农村频率—过火面积分布

依据百度百科“集镇是介于乡村与城市之间的过渡型居民点”，可以看出，集镇的形态和经济职能兼有乡村和城市两种特点，不确定因素很多，可能是造成集镇火灾“频率—过火面积”没有明显幂律特征的原因。进一步分析发现，集镇火灾“频率—过火面积”存在两段式幂律分布特征，其适用范围为战斗时间80分钟以内，如图3-13所示，在过火面积$30m^2$附近双对数坐标下拟合直线斜率发生显著“跃迁”，表3-8给出了两段线性拟合曲线系数的详细结果，对于过火面积小于$30m^2$、战斗时间大于20分钟的火灾，过火面积与概率呈现正相关，即过火面积越大其火灾发生概率越大，这与其他城市区域“概率—过火面积”的幂律分布相反，可能是集镇的建筑结构造成的。

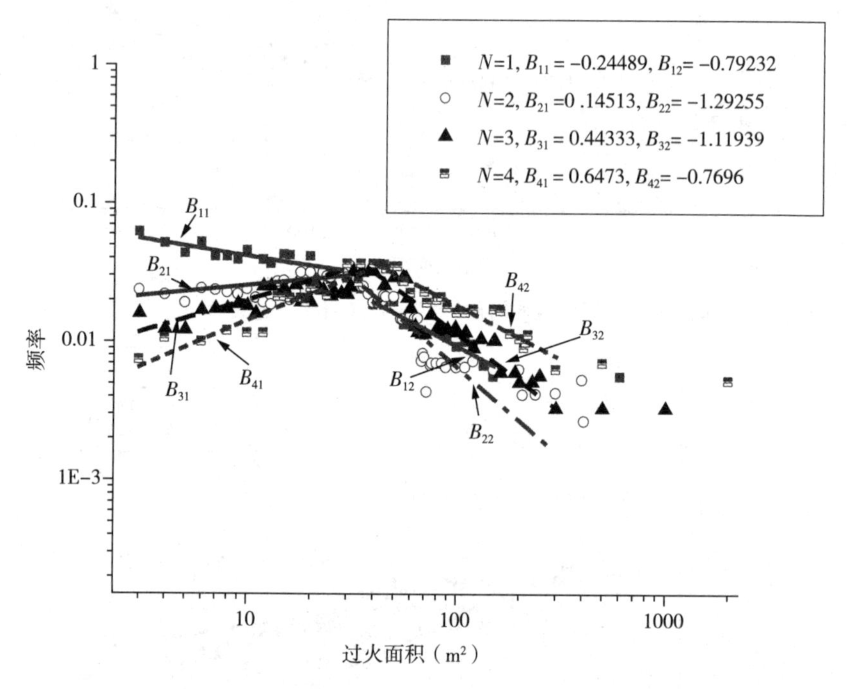

图3-13 不同战斗时间下集镇镇区频率—过火面积分布

表3-8（a） 不同战斗时间下集镇火灾“频率—过火面积”拟合系数（过火面积小于$30m^2$）

战斗时间	样本数	平滑数据				
		R_1^2	A_1	标准差（A_1）	B_1	标准差（B_1）
1～20	180	0.88769	0.07296	0.00832	−0.24489	0.05656
21～40	378	0.69523	0.02376	0.00294	0.14513	0.06318
41～60	302	0.70137	0.00718	0.00144	0.44333	0.08535
61～80	191	0.80543	0.00322	9.93194E−4	0.6473	0.11472

表 3-8 (b) 不同战斗时间下集镇火灾“频率—过火面积”拟合系数（过火面积大于 30m²）

战斗时间	样本数	平滑数据				
		R_2^2	A_2	标准差（A_2）	B_2	标准差（B_2）
1～20	180	0.89145	0.35798	0.1276	−0.79232	0.08699
21～40	378	0.84694	2.53321	1.22744	−1.29255	0.12377
41～60	302	0.83168	1.97389	0.89431	−1.11939	0.11154
61～80	191	0.92482	0.63179	0.13056	−0.7696	0.04974

由上述分析可知，拟合系数 B 可表征控火能力，分析城市市区、县城城区和郊区农村的控火能力差异，如图 3-14 所示，拟合系数 B 的斜率县城城区最高，城市市区次之，最后是郊区农村。即随着战斗时间的增长，县城城区的控火能力衰减最快，然后是城市市区，郊区农村衰减最慢。

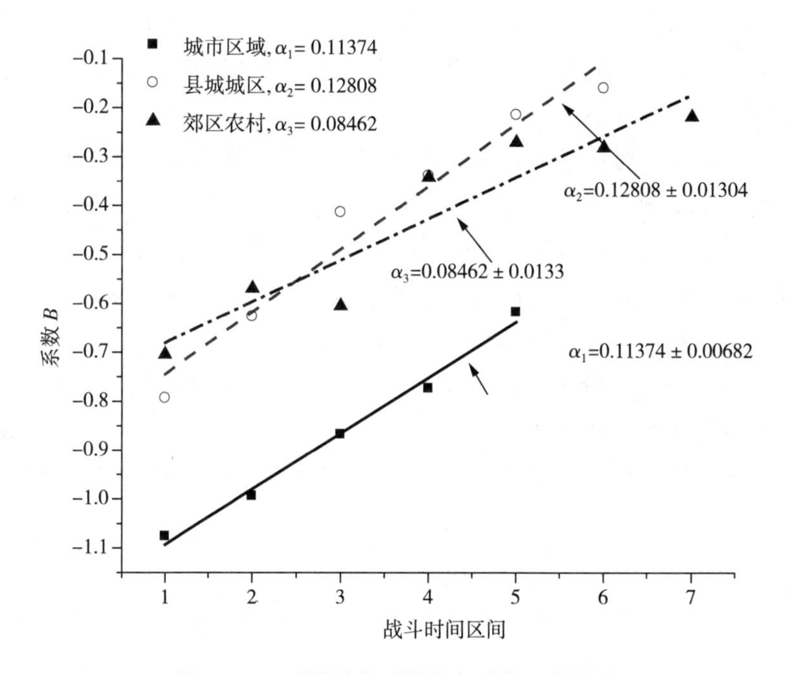

图 3-14 不同城市区域拟合系数 B 的差异

3.4 本章小结

本章基于江西省2000—2010年城市建筑火灾数据研究了“频率—过火面积”幂律分布与战斗时间的相关性，得到以下结论：

(1) 战斗时间220分钟以内，城市建筑火灾“频率—过火面积”分布满足幂函数，幂函数指数可表征控火能力，指数的绝对值越大则小火发生概率越大，而大火发生概率越小。该值与战斗时间负相关，随战斗时间的增长而减小，即控火能力随战斗时间的增长而降低。

(2) 对应分析表明商业场所、公共娱乐场所、餐饮场所和宾馆倾向于过火面积小的火灾，而厂房和仓库倾向于过火面积大的火灾。同时城市区域过火面积分布也存在显著差异，城市市区和县城城区的火灾多集中于过火面积1～40m^2的火灾，集镇镇区火灾倾向于过火面积151～2000m^2的火灾，郊区农村则倾向于过火面积41～150m^2的火灾。因此若以过火面积为火灾控制目标，则应加强对厂房及仓库的消防监督和管理，同时针对集镇镇区人员构成和建筑结构复杂的特点，消防主管部门可通过加强消防安全宣传和火灾隐患的排查以减少火灾发生概率。

(3) 不同战斗时间下各场所过火面积—概率同样满足幂律分布，但相同战斗时间下幂函数指数存在差异，仓库最高，然后是住宅、公共娱乐场所和商业场所，最后是厂房，说明按控火能力排序，仓库最差，厂房最好。同时，随着战斗时间的增长，住宅的战斗效率衰减最快，公共娱乐场所、商业场所和厂房次之，仓库衰减最慢。

(4) 不同城市区域火灾的“频率—过火面积”幂律分布存在差异，城市市区、县城城区和郊区农村满足“一段式”幂律分布，而在集镇镇区火灾满足“两段式”幂律分布。同时城市市区和县城城区火灾的控火能力衰减快于郊区农村火灾。

第4章 消防救援影响下的建筑火灾时间动态分析

本章符号表

符号	说明
FF	法诺因子
AF	艾伦因子
$N_i(T)$	第 i 个窗口时间出现的次数
$V_{ar}[N_i(T)]$	$N_i(T)$ 的方差
$\langle[N_i(T)]\rangle$	$N_i(T)$ 的均值
α_{FF}	法诺因子的标度指数
α_{AF}	艾伦因子的标度指数
F	周平均过火面积（m^2）
FAT	周平均出动时间（分钟）
FFT	周平均战斗时间（分钟）
F	F 检验统计量
ESS_R	方程残差平方和
ESS_{UR}	不含变量的方程残差平方和
y_t	k 维内生变量
x_t	d 维外生变量
p	内生变量滞后阶数
r	外生变量滞后阶数
ε_t	随机扰动项
δ_t	扰动变量在基期 j 的冲击
φ	冲击对 $t+q$ 期的影响效果

4.1 引 言

前文的研究主要集中于频域维度，即火灾系统自身的分布规律，实际上许多社会活动现象的发展都具有随时间演变的特征，例如经济的增长情况、突发性灾害带来的影响等，通过分析历史数据可以认识这些现象的本质特征，对历史统计数据随时间变化的动态分析即为时间序列分析（（Spyratos V et al，2007），（Luciana Ghermandi et al.，2010）），火灾统计数据是时间序列数据，故本章应用时间序列分析方法研究建筑火灾的时序特征。

时间序列分析的优势在于可以直观反映时间序列数据的发展变化规律。最终实现对该时间序列未来的预测和决策。对于火灾系统，时间标度性研究表明城市火灾系统存在周期性和稳定性特征（Dmowska R（1999），郑红阳（2010），Luciano Telesca，Weiguo Song（2011）），同时，徐波（2012）应用时间序列分析方法分析了宏观经济及气候因子（温度、湿度）与火灾损失的时间演化规律，对火灾的惯性效应、同化效应和警示效应进行了讨论和分析。而作为火灾系统最为直接的影响因素——消防救援在时间维度的研究则相对匮乏，一方面是由于消防救援数据难以获取，另一方面如何体现消防救援效果也是研究者需要考虑的问题，本章首先应用时间标度性分析方法研究城市建筑火灾损失和接警出动时间与灭火战斗时间的分形特征和时间标度行为，在此基础上分析火灾损失与接警出动时间和灭火战斗时间的时间动态变化特征。包括接警出动时间和灭火战斗时间与过火面积的因果关系、均衡关系等。

前文研究中，火灾场所和城市区域在频域内对火灾损失均有显著影响，那么在时域内又有着怎样的差异呢？本章将应用面板数据模型分析接警出动时间和战斗时间在不同火灾场所和城市区域下对火灾损失影响的敏感性差异，研究结果能够为具体指导消防监督管理和队站建设提供依据。

4.2 数据和方法

4.2.1 数据来源

本章主要使用江西省 2007—2010 年建筑火灾数据进行分析，2007—2010

年江西省共发生 10072 起建筑火灾，其中过火面积、接警出动时间、灭火战斗时间的时间序列分布如图 4－1 所示，以 2007 年 1 月 1 日零点作为时间起点，可以看出过火面积与灭火时间均表现为时间的丛集性特征（A. Ohgai. Y.，2004），说明其可能存在时间标度行为。

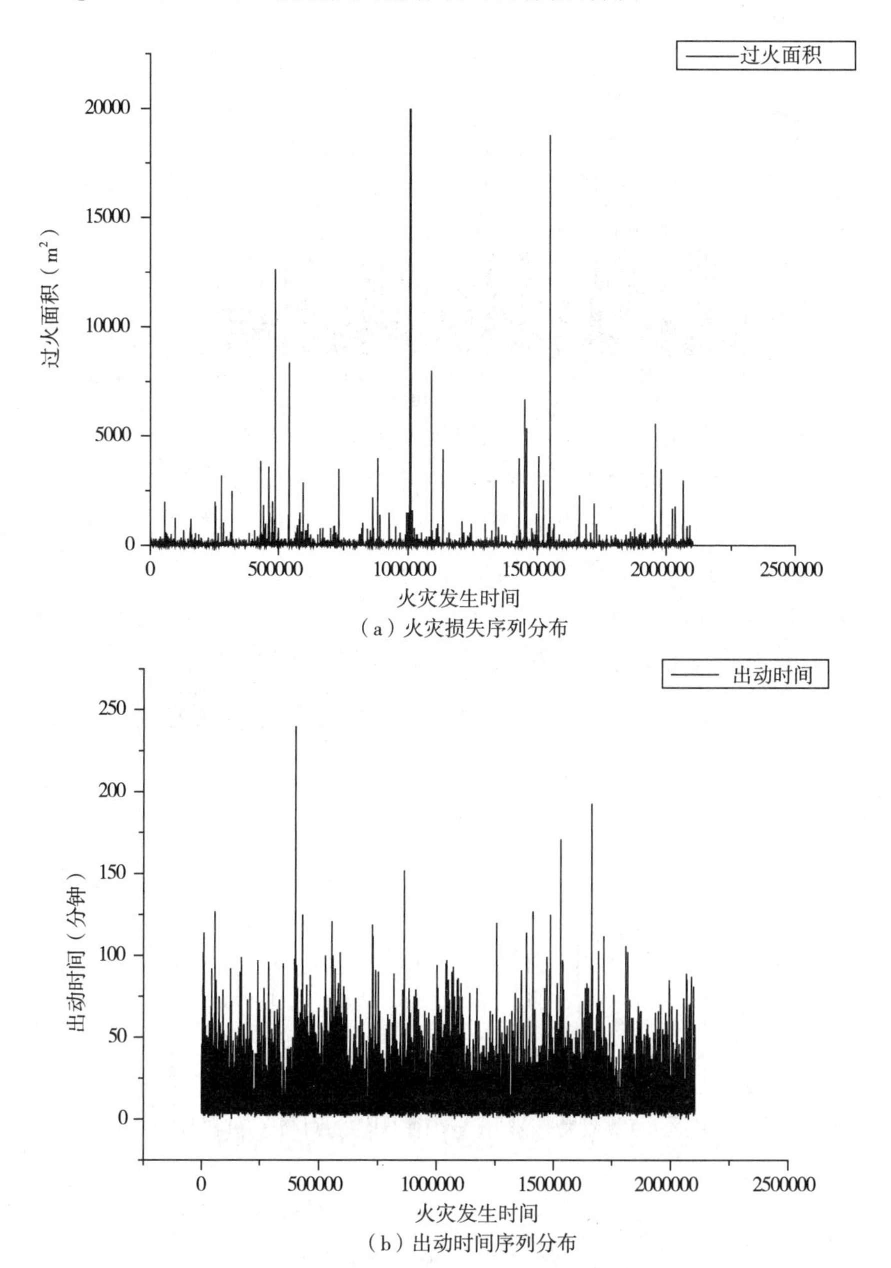

（a）火灾损失序列分布

（b）出动时间序列分布

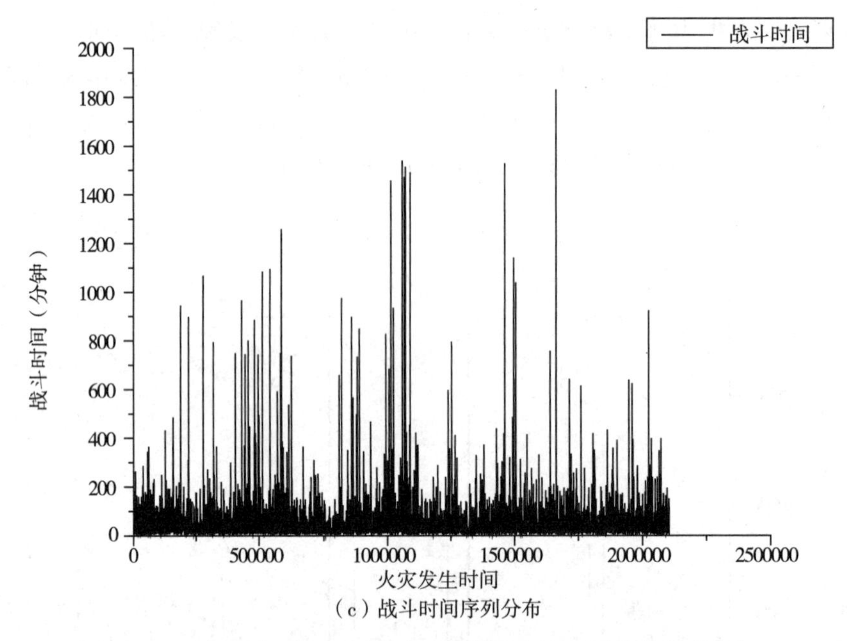

（c）战斗时间序列分布

图 4-1　江西省 2007—2010 年火灾损失与灭火时间的序列分布

在分析火灾损失与接警出动时间和灭火战斗时间的动态变化特征时采用周平均过火面积作为火灾因子，周平均出动时间作为出动时间因子，周平均战斗时间作为战斗时间因子。图 4-2 给出了江西省 2007—2010 年周平均火灾损失、周平均接警出动时间和周平均战斗时间随时间的变化情况。

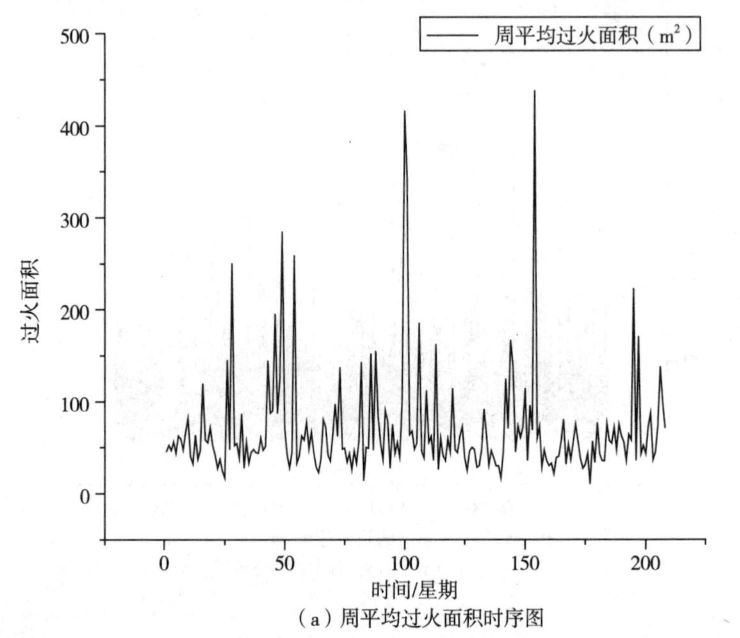

（a）周平均过火面积时序图

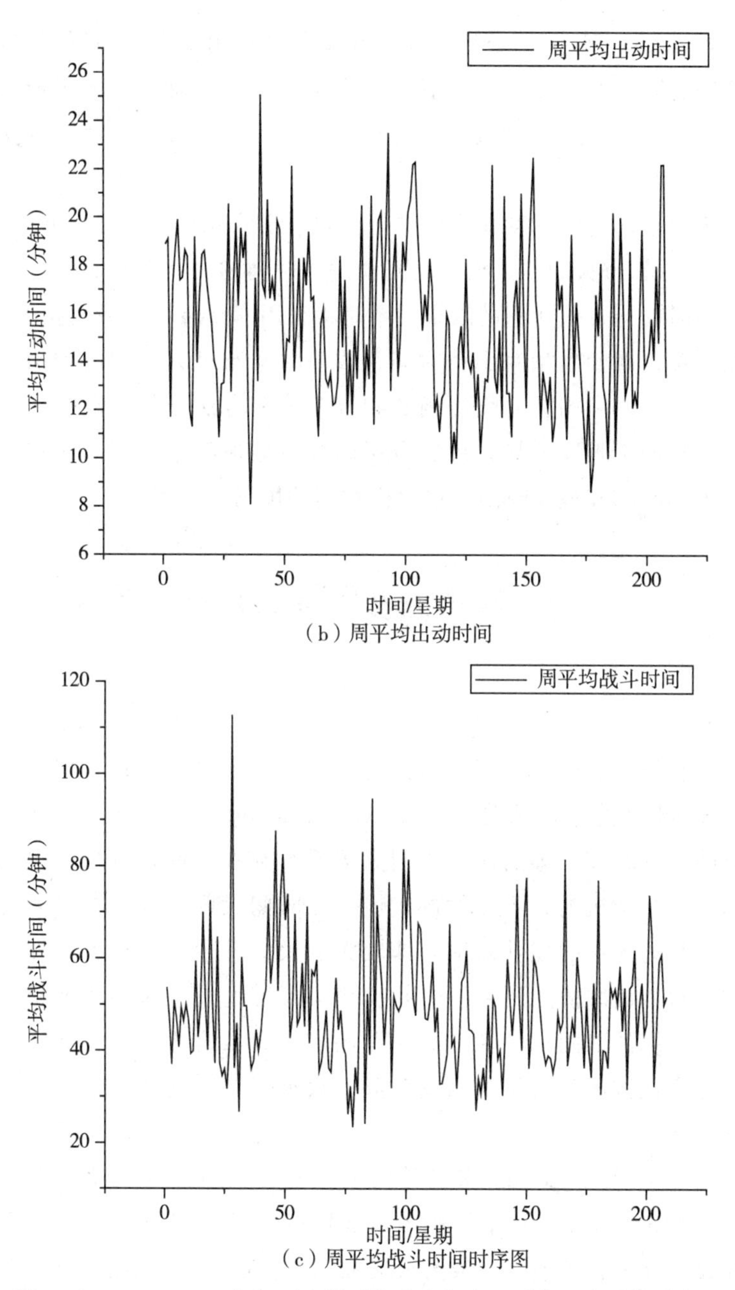

（b）周平均出动时间

（c）周平均战斗时间时序图

图 4－2　2007—2010 年江西省周平均火灾损失，平均灭火时间时序图

4.2.2　分析方法

分析方法上，目前有很多统计或计量经济学软件可用于时间序列分析，

如 Eviews、SAS、Matlab、SPSS 等，本章主要应用 Eviews 软件分析建筑火灾时间序列特征，其主要功能包括：数据操作简单便捷、可派生新序列、统计量的相关分析、变量序列趋势预测等（易丹辉（2011），魏武维（2009），于俊年（2012））。

在城市建筑的时间标度性分析中，本章主要采用法诺因子（*FF*）与艾伦因子（*AF*）分析过火面积、出动时间和战斗时间的时间分形特征；分析出动时间、战斗时间与过火面积的因果关系时将采用 Granger 因果检验法；4.5 节中将应用向量自回归模型对出动时间、战斗时间与过火面积的均衡关系进行讨论；进一步地，应用脉冲响应函数和方差分解方法分析出动时间和战斗时间对过火面积的贡献度差异；最后应用面板数据模型进行不同火灾场所和城市区域下出动时间和战斗时间与过火面积间的敏感性分析。

4.3 城市建筑火灾的标度性

自组织临界性的提出（Malamud，B. D. et al.（1998），Clar，S. et al.（1999）），使得火灾统计研究者在关注频率—尺度幂律分布的同时，也开始研究频率—时间的关系，郑红阳（2010）、Luciano Telesca 及 Weiguo Song（2011）、陆松（2012）等的研究表明火灾系统存在时间标度性，也就是说尽管火灾的发生是随机的、不连续的，但是在时间尺度上却存在显著的分形特征，亦可解释为火灾的惯性效应，即较大的火灾发生后同样容易发生较大的火灾，同时对截面阈值的研究能够找出损失尺度的发生时间为泊松分布的临界值，火灾系统的时间标度性对火灾预测和预警具有重要指导意义，本节将应用时间标度性方法分析接警出动时间、灭火战斗时间和建筑火灾过火面积的时间标度性。

法诺因子（Fano factor）和艾伦因子（Alan factor）可以用来研究序列的标度行为（Hongyang Zheng（2010），Chang，H. S（2009））。其基本思想是：首先设定序列初始点（一般为火灾数据的起始值），以初始点为参照，构造火灾发生时间序列，将该序列以时间长度 T 为时间窗口进行等分，N_i（T）表示第 i 个窗口时间出现的次数，事件次数方差与时间次数均值的比值称作 Fano 因子（FF）。Alan 因子计算方法与此类似，如果序列具有分形特征，那么 FF 同 AF 与时间窗口应满足幂律关系，幂指数则为标度律指数。

$$FF(T)=\frac{Var[N_i(T)]}{\langle[N_i(T)]\rangle} \quad FF(T)\propto T^{\alpha_{FF}} \tag{4-1}$$

$$AF(T)=\frac{\langle(N_{i+1}(T)-N_i(T))^2\rangle}{2\langle[N_i(T)]\rangle} \quad AF(T)\propto T^{\alpha_{AF}} \tag{4-2}$$

其中，$0<\alpha_{FF}\leqslant 1$，$1<\alpha_{AF}<3$，说明 *FF* 适用于分形指数小于 1 的系统，而 *AF* 适用于分形指数大于 1 的系统，范围较广。当标度指数趋近于 0 时，说明序列接近于随机分布（Malamud，B. D.，2005）。

本节中，计算的 *FF* 和 *AF* 时间尺度从 5min 到 200000min（约为时间跨度的十分之一），分别对过火面积、出动时间和战斗时间的标度性行为进行研究（Song Lu，2013）。

4.3.1 过火面积的时间标度性

分析过火面积大于 $30m^2$ 的法诺因子与时间尺度关系图（图 4－3），二者大约在 1000min 后呈线性关系，此处拟合直线的斜率为 0.9966，时间标度指数为 0.86832，这说明城市火灾损失存在长相关性，其发生过程并非随机性的，而火灾损失在小尺度时间窗口，则表现为泊松分布。

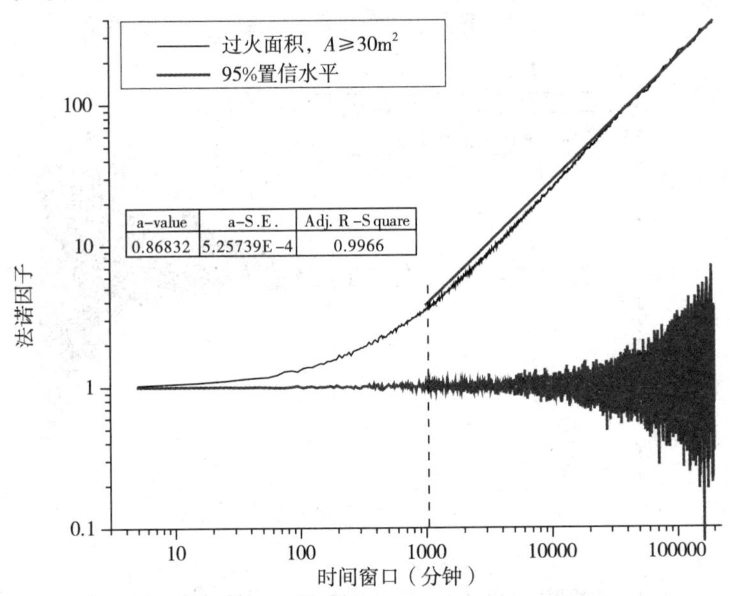

图 4－3 过火面积大于 $30m^2$ 的法诺因子—时间关系图

过火面积大于 $200m^2$ 的时间尺度与法诺因子关系图如图 4－4 所示，二者大约在一周后开始分形，标度指数为 0.90905，尽管城市火灾损失存在长相关性，但其分型时间长于小面积火灾。对于过火面积大于 600m² 的城市建筑火灾，法诺因子表明其已不存在时间标度性，火灾损失表现为泊松分布。

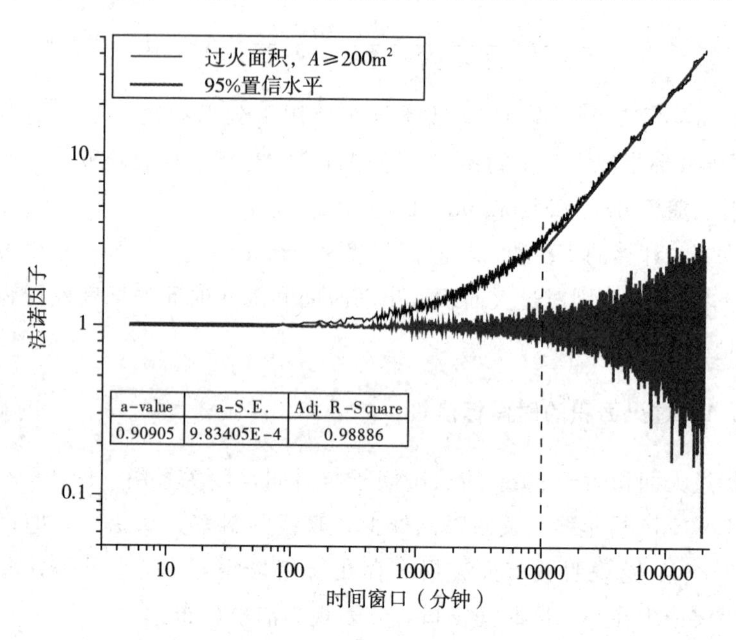

图 4-4　过火面积大于 200m² 的法诺因子—时间关系图

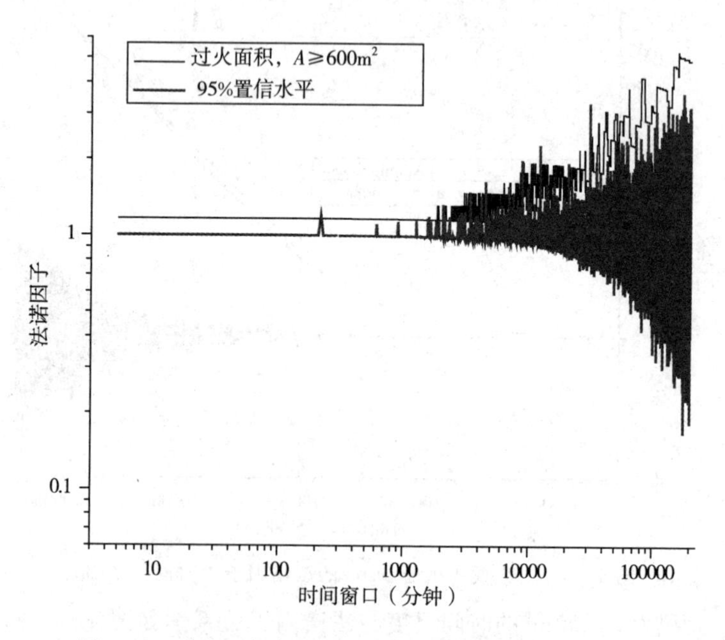

图 4-5　过火面积大于 600m² 的法诺因子—时间关系图

过火面积大于 30m² 的时间尺度与艾伦因子（图 4－6）呈现明显的两段性特征，二者分别在约 9.3 天和 43 天出现分形特征。同样说明了火灾损失存在时间标度性，并且在时间尺度较小的情况下，火灾损失不存在时间标度特征。

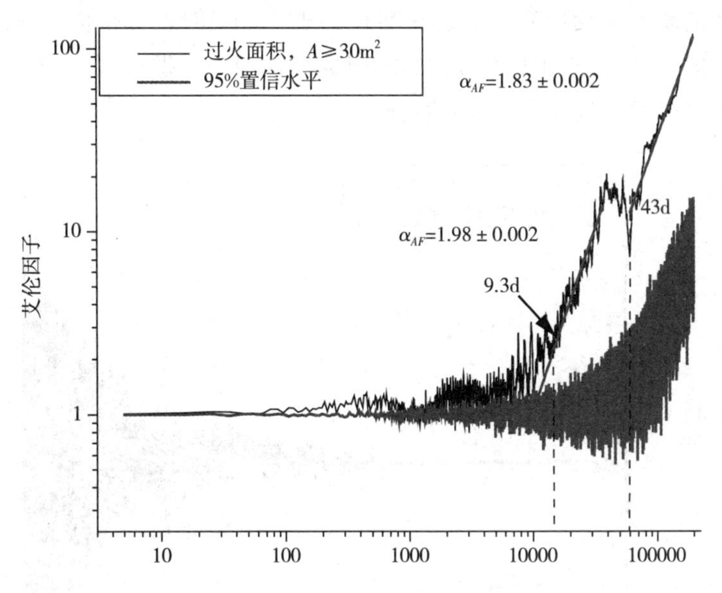

图 4－6　过火面积大于 30m² 的艾伦因子—时间关系图

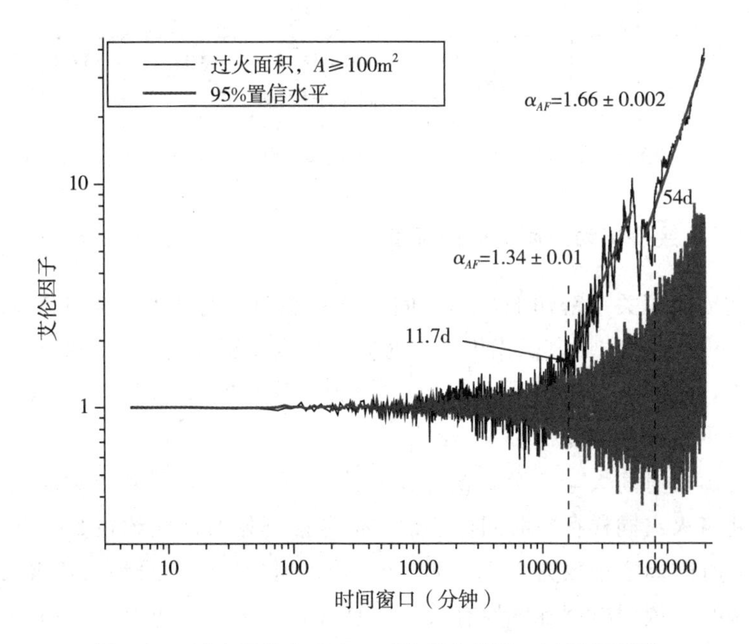

图 4－7　过火面积大于 100m² 的艾伦因子—时间关系图

对于过火面积大于 $100m^2$ 的建筑火灾，其时间标度分形开始时间大约分别在 16500min（约 11.7 天）和 54 天，拟合直线的斜率分别为 1.34 和 1.66，与过火面积大于等于 $30m^2$ 的火灾情况相比，时间尺度分界窗口变大。而随着截面面积的增大，我们发现当过火面积大于 $200m^2$ 时，艾伦因子—时间窗口关系图（图 4-8）表明火灾损失的时间标度性消失，即过火面积大于 $200m^2$ 的建筑火灾的发生呈现泊松分布特征。

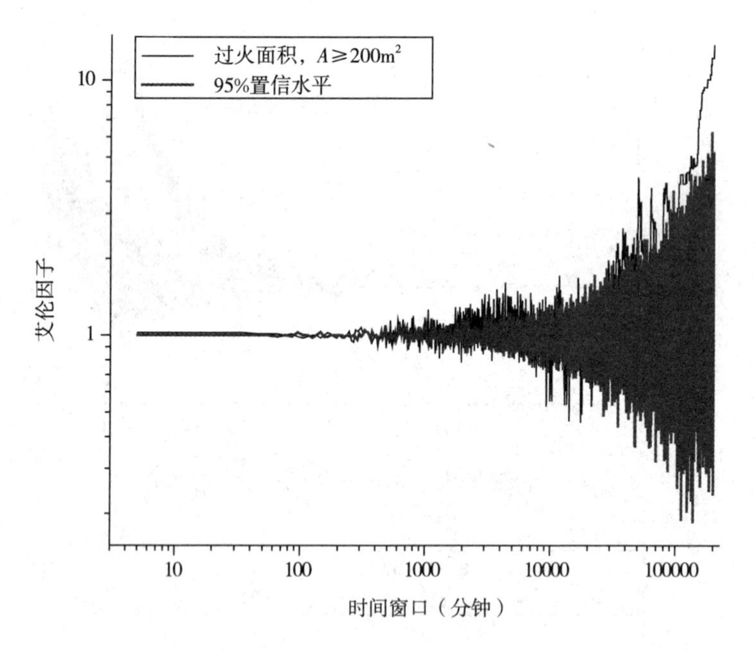

图 4-8　过火面积大于 $200m^2$ 的艾伦因子—时间关系图

4.3.2　接警出动时间的时间标度性

与过火面积关系密切的出动时间同样存在时间标度性，对于出动时间大于 5min 的建筑火灾，其法诺因子—时间窗口满足幂律特征，分形开始时间大约在 1 天，时间标度指数为 0.73137，这说明接警出动时间存在显著的长相关性，其发生过程并非随机。

对比出动时间大于 5 分钟的建筑火灾（图 4-9），尽管出动时间大于 20 分钟的建筑火灾同样存在时间标度性，但分形开始时间大约在 2000 分钟（图 4-10），时间标度指数为 0.71421，小于出动时间大于 5 分钟的建筑火灾的时间标度指数，说明时间标度性有减弱的趋势。当出动时间大于 90 分钟时（图 4-11），其时间标度性已完全消失，说明出动时间大于 90 分钟的情况其发生时间开始呈现泊松分布。

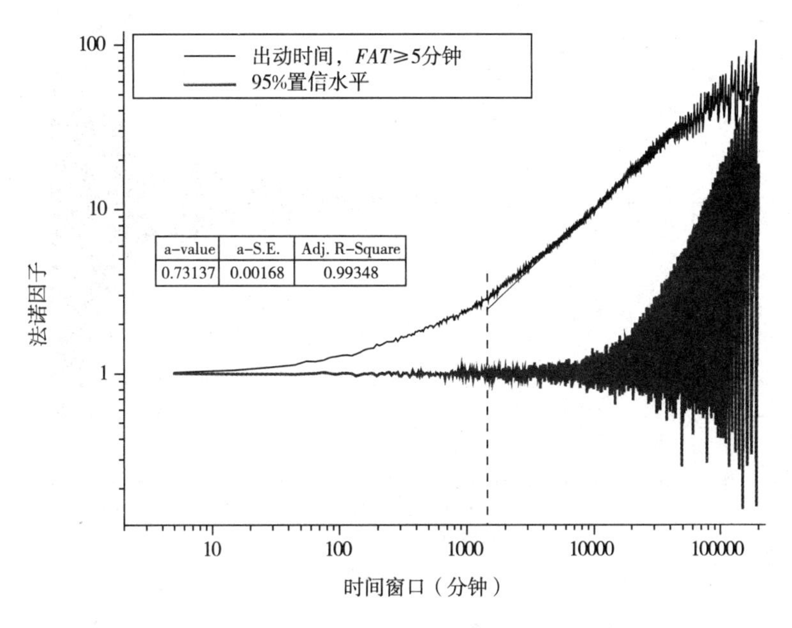

图 4－9　出动时间大于 5 分钟的法诺因子—时间关系图

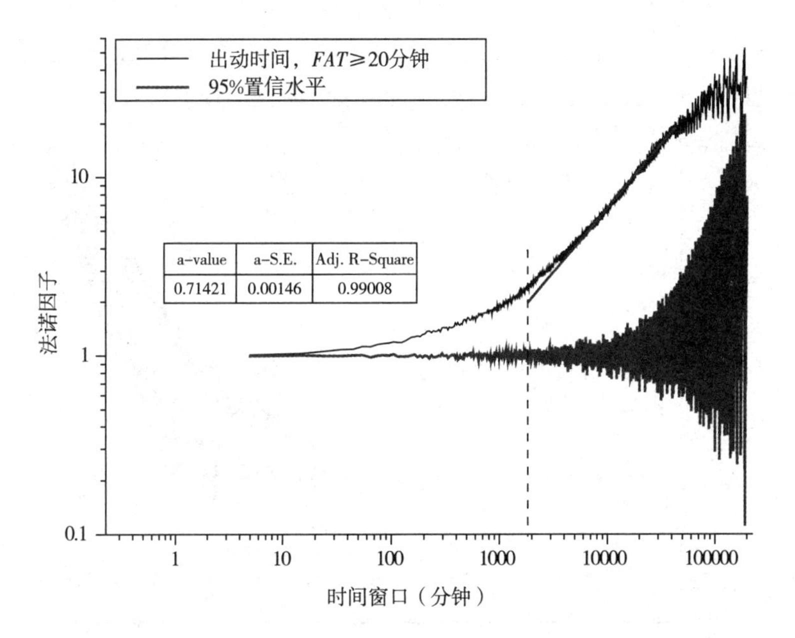

图 4－10　出动时间大于 20 分钟的法诺因子—时间关系图

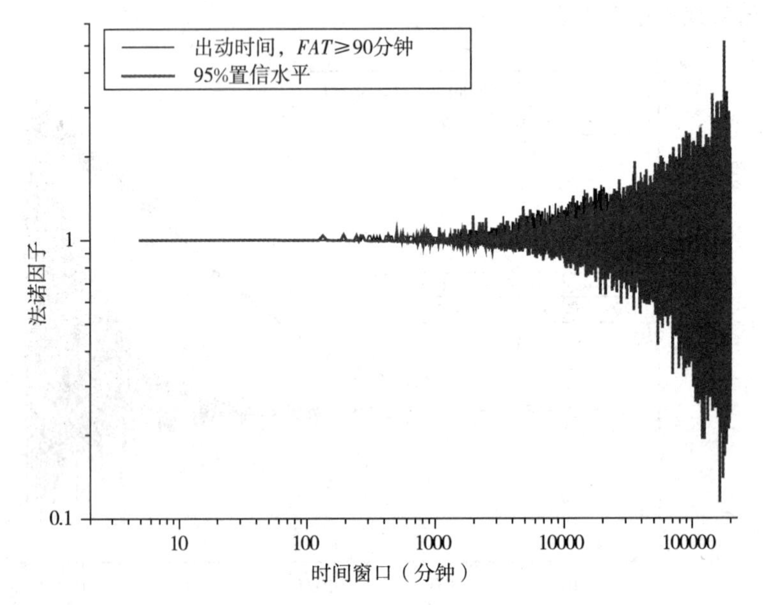

图 4－11　出动时间大于 90 分钟的法诺因子—时间关系图

艾伦因子—时间窗口分布如图 4－12～图 4－15 所示，对比法诺因子—时间窗口，分析发现出动时间大于 5 分钟和 20 分钟的火灾其分形开始时间有较大延迟，均约为 1 天。而当出动时间大于 60 分钟后，其时间标度性已经消失，说明随着出动时间的增长，其时间标度性逐渐减弱，直至呈现泊松分布特征。

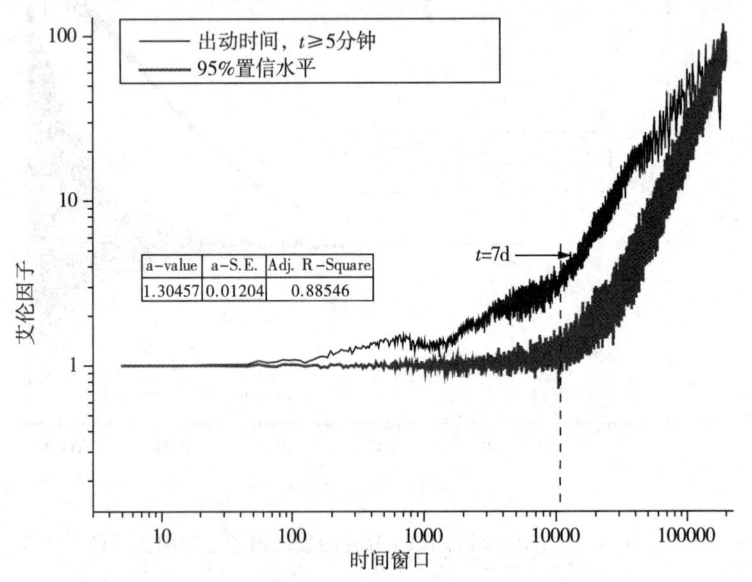

图 4－12　出动时间大于 5 分钟的艾伦因子—时间关系图

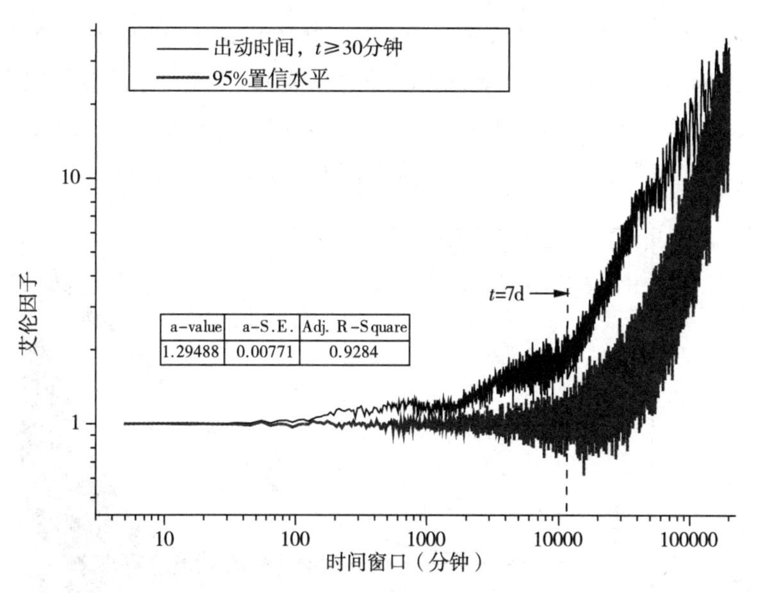

图 4-13　出动时间大于 20 分钟的艾伦因子—时间关系图

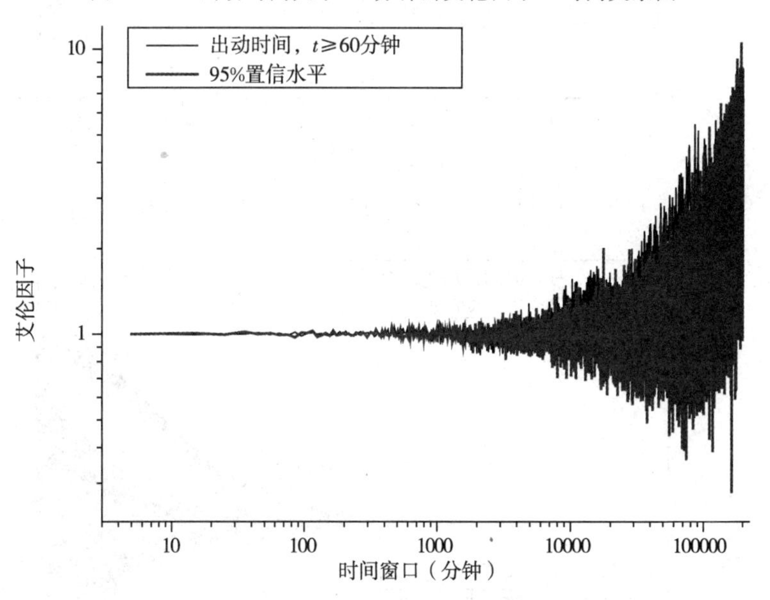

图 4-14　出动时间大于 60 分钟的艾伦因子—时间关系图

4.3.3　灭火战斗时间的时间标度性

灭火战斗时间的法诺因子分析结果如图 4-15～图 4-17 所示，当时间窗口较小时，法诺因子变化较为平坦，说明时间标度指数较小，呈现泊松分布特征。

对于战斗时间大于 20 分钟的火灾，随着时间窗口的增大，当时间窗口约为 1 天时，法诺因子呈现分形特征，其标度指数为 0.74454，而对于战斗时间大于 120 分钟的火灾，其分形开始时间约为 5000 分钟，时间标度指数为 0.48231；而当战斗时间大于 240 分钟时，其时间标度性消失，表现为泊松分布。

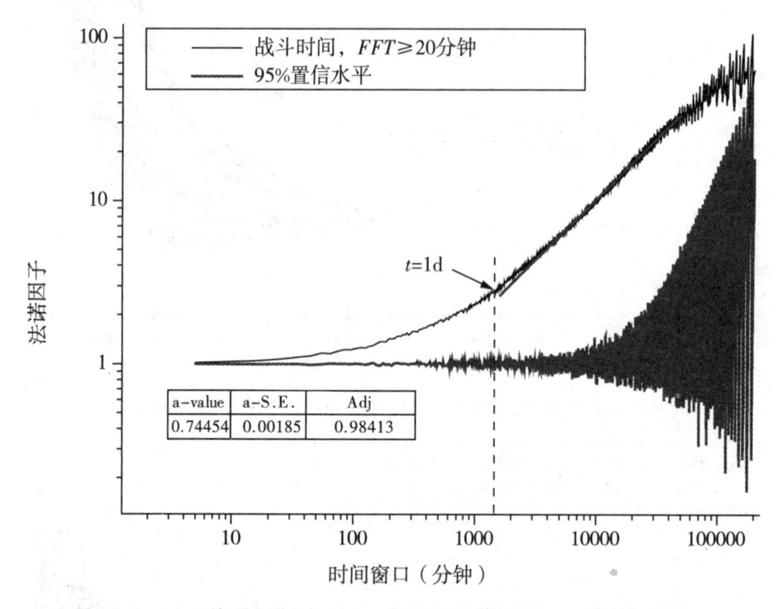

图 4 - 15　战斗时间大于 20 分钟的法诺因子—时间关系图

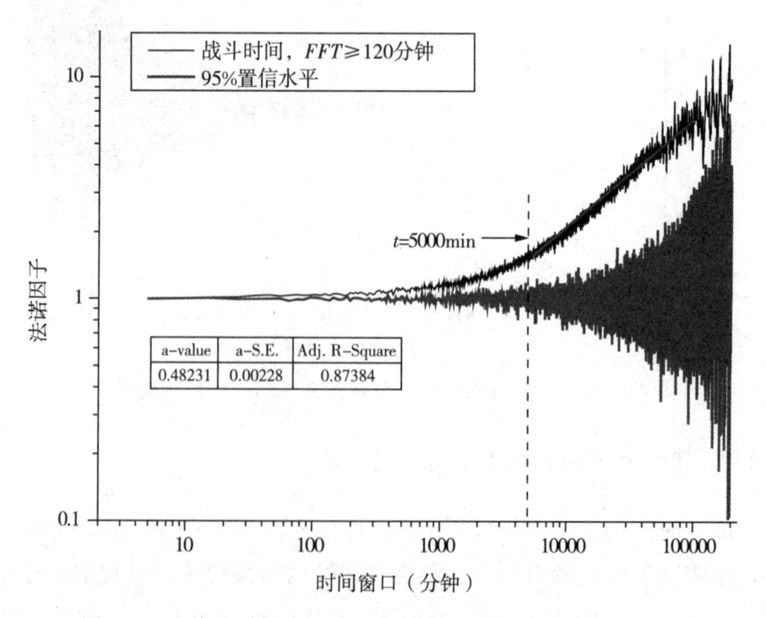

图 4 - 16　战斗时间大于 120 分钟的法诺因子—时间关系图

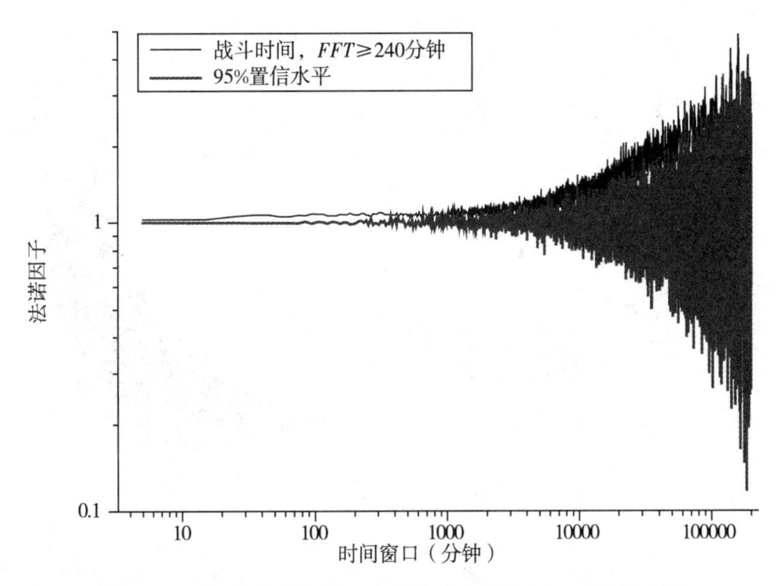

图 4-17 战斗时间大于 240 分钟的法诺因子—时间关系图

战斗时间的艾伦因子—时间窗口分析结果如图 4-18～图 4-20 所示，与出动时间时间标度规律类似，战斗时间的艾伦因子分形时间较法诺因子有较大延长。战斗时间大于 20 分钟的法诺因子分形时间约为 1 周，其标度指数为 1.37289；而对于战斗时间大于 90 分钟的火灾，其分形开始时间约为 20000 分钟，分形指数减小至 1.27506。当战斗时间大于 110 分钟时，艾伦因子表明其时间标度性消失，火灾的战斗时间开始呈现泊松分布。

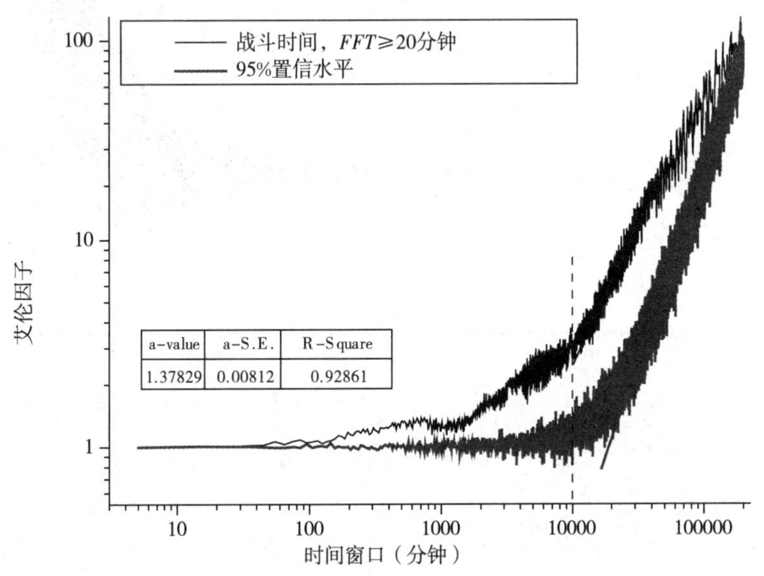

图 4-18 战斗时间大于 20 分钟的艾伦因子—时间关系图

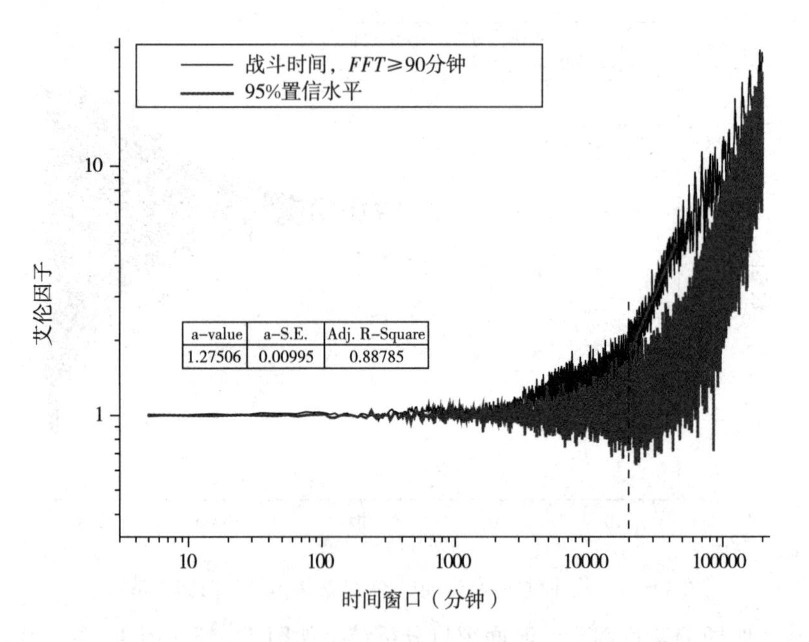

图 4-19　战斗时间大于 90 分钟的艾伦因子—时间关系图

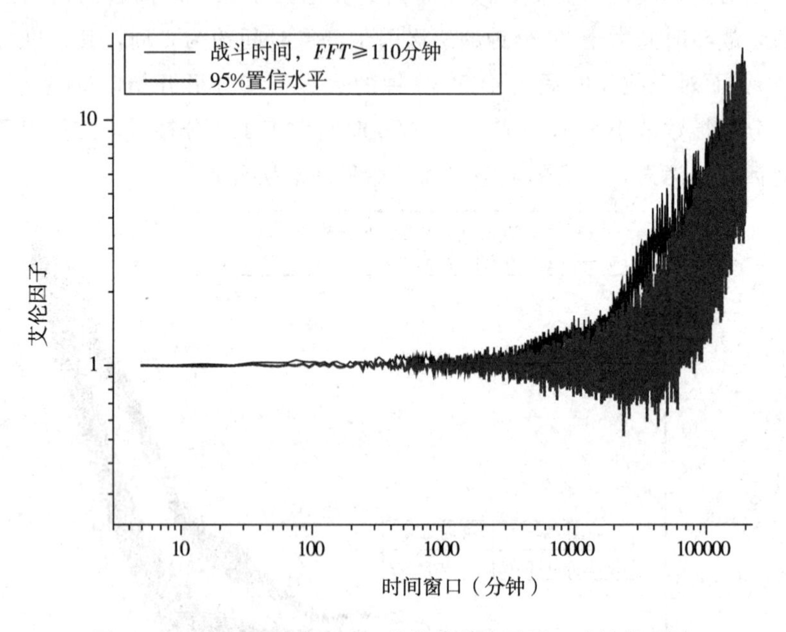

图 4-20　战斗时间大于 110 分钟的艾伦因子—时间关系图

4.4　出动时间、战斗时间与过火面积的因果关系

前文的研究中发现过火面积的概率与出动时间和战斗时间之间存在相关性，在时间序列中，火灾损失的变化是其自身的幂律分布特征引起的还是考虑灭火时间时能够更好地解释火灾损失的变化呢？本节应用 Granger 因果检验方法研究火灾损失与灭火时间之间的因果关系。

4.4.1　平稳性检验

在进行序列的因果关系分析前首先要对序列进行平稳性检验，本节采用单位根检验法检验平均火灾损失、平均出动时间和平均战斗时间序列的平稳性，原假设为周平均火灾损失序列不是平稳序列，周平均出动时间序列不是平稳序列，周平均战斗时间不是平稳序列。EVIEWS6.0 检验结果见表 4－1 所列。

表 4－1　单位根检验结果

序列	滞后阶数	t 统计量	临界值	结论
F	0	−12.02998	−3.461938 (1%)	拒绝
			−2.875330 (5%)	拒绝
			−2.574198 (10%)	拒绝
FAT	0	−10.70768	−3.461938 (1%)	拒绝
			−2.875330 (5%)	拒绝
			−2.574198 (10%)	拒绝
FFT	0	−12.39976	−3.461938 (1%)	拒绝
			−2.875330 (5%)	拒绝
			−2.574198 (10%)	拒绝

单位根检验结果表明周平均火灾损失、平均出动时间和平均战斗三个时间序列都拒绝原假设，都不存在单位根，所以 F、FAT、FFT 都是平稳序列。可以进行 Granger 因果检验。

4.4.2　Granger 因果检验

Granger 因果检验是用于考察序列 X 是否为序列 Y 的原因的一种方法

（史代敏等，2011），Granger 因果检验的判断基准是检查 X 的前期信息对 Y 的均方误差 MSE 的减少是否有贡献，并与不用 X 的前期信息所得的 MSE 相比较，若 MSE 无变化，则称 X 不是引起 Y 变化的原因，必须满足两个条件：X 有助于预测 Y，Y 不应有助于预测 X。

对于两个时间序列，若存在因果关系，则回归模型如下：

$$\begin{cases} y_t = \alpha_0 + \alpha_1 y_{t-1} + \cdots + \alpha_l y_{t-k} + \beta_l x_{t-1} + \cdots + \beta_l x_{t-k} \\ x_t = y_0 + y_1 x_{t-1} + \cdots + y_l x_{t-k} + \gamma_1 y_{t-1} + \cdots + \gamma_l y_{t-k} \end{cases} \tag{4-3}$$

假设 X 不是引起 Y 变化的原因，则应有 $\beta_1 = \beta_2 = \cdots \beta_k = 0$。可通过 F 检验检验统计量。

$$F = \frac{(ESS_R - ESS_{UR})/k}{ESS_{UR}/(n-k-1)} \sim F_\alpha(k, n-k-1) \tag{4-4}$$

其中，ESS_R 为方程的残差平方和，ESS_{UR} 为不含变量的方程残差平方和，根据给定的显著性水平，通常选 0.05。若 $F > F_\alpha$，则拒绝原假设，表明引入性的变量可更多地减少误差，即变化的原因；反之则接受原假设。

4.4.3 结果分析

应用 Granger 因果检验考察出动时间与战斗时间的变化是否会引起火灾损失的变化时，原假设分别为出动时间不是火灾损失发生变化的原因和战斗时间不是火灾损失发生变化的原因。检验结果见表 4－2 所列。

表 4－2 Granger 因果检验结果

滞后阶数	*FAT*		结论	*FFT*		结论
	F 统计	Prob.		*F* 统计	Prob.	
1	7.80126	0.0057	拒绝原假设	2.28418	0.1584	接受原假设
2	4.03813	0.0191	拒绝原假设	1.11517	0.3299	接受原假设
3	3.07138	0.0289	拒绝原假设	0.91039	0.4370	接受原假设
4	2.33255	0.0572	接受原假设	2.06017	0.0475	拒绝原假设

在滞后阶数小于等于 3 时，周平均出动时间均在 5％显著水平上拒绝原假设，而周平均战斗时间均在 5％显著水平上接受原假设，即周平均出动时间是火灾的 Granger 原因，而周平均战斗时间不是火灾的 Granger 原因。这说明

平均出动时间对火灾的影响更显著，而且会对滞后 3 个星期的火灾产生影响；而平均战斗时间对火灾损失变化的影响不显著，但在滞后阶数大于等于 4 时在 5%显著水平下均拒绝原假设，表明平均战斗时间会对滞后 4 个星期的火灾产生影响。

4.5　灭火时间与火灾损失的均衡关系

由 4.4 节分析可知，火灾损失、出动时间及战斗时间序列均是平稳时间序列，且 Granger 因果分析表明周平均出动时间、平均战斗时间是火灾损失变化的原因，表明序列间具有长期均衡关系。

4.5.1　向量自回归模型（VAR）

向量自回归模型（VAR）常用于预测相互关联的时间序列系统（李敏等，2011），其一般形式为：

$$y_t = A_1 y_{t-1} + \cdots + A_p y_{t-p} + B_1 X_t + \cdots + B_r X_{t-r} + \varepsilon_t \tag{4-5}$$

其中，y_t 是一个 k 维内生变量，x_t 是一个 d 维外生变量，$\boldsymbol{A}_1$，…，$\boldsymbol{A}_p$ 和 $\boldsymbol{B}_1$，…，$\boldsymbol{B}_r$ 是待估计的参数矩阵，内生变量和外生变量分别有为随机扰动项。该模型要求时间序列为平稳序列或各变量之间存在协整关系的时间序列。

4.5.2　结果分析

首先建立 VAR 模型。VAR 内生变量选取周平均出动时间（FAT）、周平均战斗时间（FFT）、周平均过火面积（F），VAR 模型的表达式为：

$$\begin{cases} FAT_t = \sum_{i=1}^{p} \alpha_{1i} FAT_{t-i} + \beta_{1i} FFT_{t-i} + \gamma_{1i} F_{t-i} + \omega_1 + \varepsilon_1 \\ FFT_t = \sum_{i=1}^{p} \alpha_{2i} FAT_{t-i} + \beta_{2i} FFT_{t-i} + \gamma_{2i} F_{t-i} + \omega_2 + \varepsilon_2 \\ F_t = \sum_{i=1}^{p} \alpha_{3i} FAT_{t-i} + \beta_{3i} FFT_{t-i} + \gamma_{3i} F_{t-i} + \omega_3 + \varepsilon_3 \end{cases} \tag{4-6}$$

其中，p 为滞后阶数，α_{1i}，α_{2i}，α_{3i}，β_{1i}，β_{2i}，β_{3i}，γ_{1i}，γ_{2i}，γ_{3i} 为待定系数，W_1，W_2，W_3 为常数项，ε_1，ε_2，ε_3 为残差，FAT_t，FFT_t 和 F_t 分别为第 t 期

周平均出动时间，周平均战斗时间和周平均过火面积。

首先确定之后阶数 p，使用 EVIEWS 6.0 检验不同滞后阶数下的 AIC 统计量和 SC 统计量，因滞后阶数一般不超过 4 阶，因此对滞后阶数小于 4 阶进行检验，结果见表 4－3 所列。

表 4－3　VAR 模型滞后阶数与对应的 AIC 和 SC

p	AIC	SC
1	23.77876	23.97197
2	23.82023	24.15948
3	23.86685	24.35314
4	23.90429	24.53863

分析不同滞后阶数下的 AIC 和 SC 统计量，发现 p 值为 1 时两者均为最小值，故取 VAR 模型滞后阶数 $p=1$。结果如下：

$$\begin{bmatrix} F_t \\ FAT_t \\ FFT_t \end{bmatrix} = \begin{bmatrix} 0.1132 & 3.1714 & 0.2027 \\ 0.0080 & 0.2871 & -0.0190 \\ 0.0304 & 1.1685 & -0.0265 \end{bmatrix} \begin{bmatrix} F_{t-1} \\ FAT_{t-1} \\ FFT_{t-1} \end{bmatrix} + \begin{bmatrix} 1.7160 \\ 11.4323 \\ 30.4585 \end{bmatrix} \quad (4-7)$$

对该模型进行单位根检验，检验结果如图 4－21 所示，特征根均在单位圆内，所以模型是稳定的。

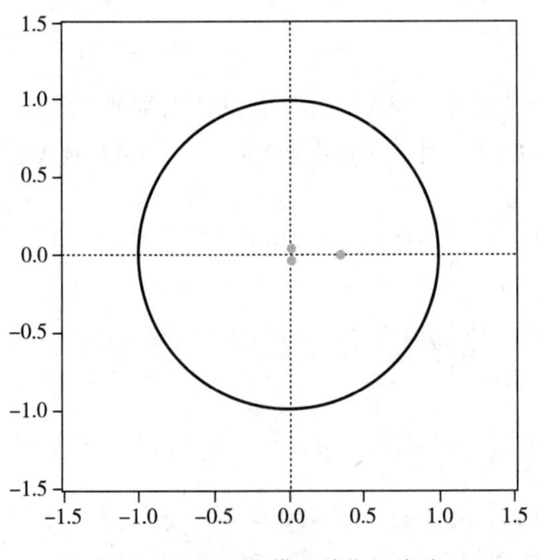

图 4－21　VAR 模型单位根检验

VAR 方程表明，从长期来看，平均出动时间、平均战斗时间与过火面积变化之间存在均衡关系，且均为正稳定关系，同时平均出动时间与前一期平均出动时间正相关，但影响较小，与前一期平均战斗时间负相关，即当前一期平均战斗时间较大时会有一定的警示作用，从而平均出动时间有所减小；战斗时间受前一期平均出动时间的影响较大，且为正相关，这与本书第三章频域尺度的研究结果相吻合。

4.6　灭火时间突变对火灾损失的影响

灭火时间受诸多因素的影响，如道路破坏将延长消防部队的到场救援时间，消防水源的不良状况造成战斗时间的延长。灭火时间的突然变化会对火灾损失有何影响呢？本节将在上文建立的 VAR 模型基础上分析灭火时间的突变对过火面积的作用。

4.6.1　脉冲响应理论

VAR 模型中引入脉冲响应函数可用于分析模型受到冲击时对系统的动态影响，对于 VAR（p）模型：

$$y_t = A_1 y_{t-1} + \cdots A_p y_{t-p} + \varepsilon_t \tag{4-8}$$

ε_t 是方差为 Ω 的扰动向量，在基期给 y_t 一个单位的增量，即：

$$\varepsilon_{jt} = \begin{cases} 1, & t = 0 \\ 0, & \text{else} \end{cases} \tag{4-9}$$

它描述了 y_t 在时期 t，第 j 个变量的扰动项增加 1 个单位，其他扰动项不变，且其他时期的扰动均为常数的情况下，由扰动项的脉冲引的 y_t 的变化称为脉冲响应函数(高铁梅，2009)。本书选脉冲响应函数进行分析，则向量的响应可表示为：

$$\varphi(q, \delta_j, \Omega_{t-1}) = E(y_{t+q} \mid \varepsilon_{jt} = \delta_j, \Omega_{t-1}) - E(y_{t+q} \mid \Omega_{t-1})$$
$$q = 0, 1, \cdots \tag{4-10}$$

其中，Ω_{t-1} 为第 $t-1$ 期的信息集合，δ_j 为基期 j 的冲击，φ 为 $t+q$ 期的影响效用。令 $\delta_{jt} = E(\varepsilon_{jt}^2)$，$\sum_j = (\varepsilon_t \varepsilon_{jt})$，$\delta_j = \sqrt{\delta_{jj}}$，则脉冲响应函数可表示为：

$$\varphi_j^{(g)} = \delta_{jj}^{1/2} \theta_q \sum_j \tag{4-11}$$

4.6.2 结果分析

江西省灭火时间脉冲分析结果如图 4－22 所示。从图中可以看出，在基期给出动时间一个正向冲击，如维修道路等造成出动时间短时间内突然增大，在第二期有最大的正的影响，此后逐渐减弱。而战斗时间的正向冲击在第一期有最大的正的影响，此后逐渐减弱，且两者的影响均在第四周时趋于消失。上述变化趋势表明灭火时间的正向冲击在一个月内对过火面积有正的影响。

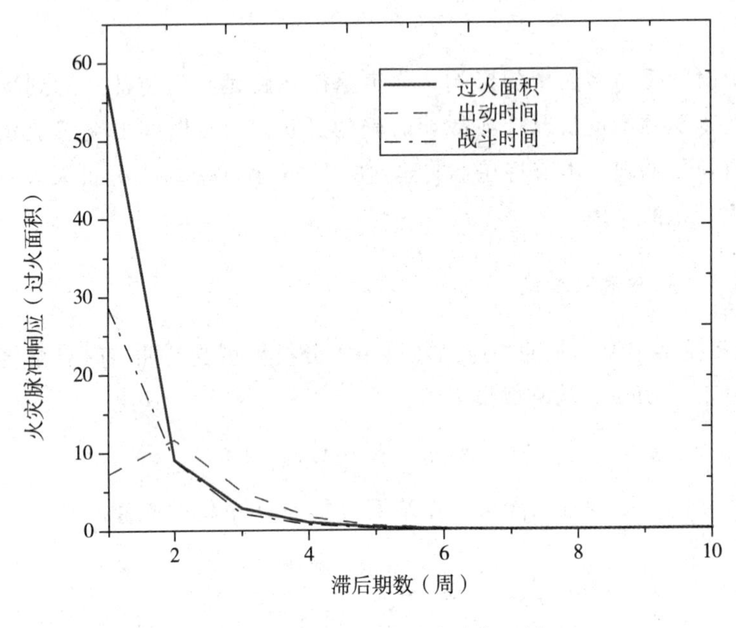

图 4－22 过火面积脉冲响应函数

4.7 出动时间、战斗时间对火灾的贡献度

4.7.1 方差分解

方差分解方法可给出 VAR 模型中各变量的相对重要性关系（Sims，1980）。扰动项从过去到现在时点 t 对变量 y_t 的影响的方差总和为：

$$E(\varphi_{0,ij}\varepsilon_{jt}+\varphi_{1,ij}\varepsilon_{jt-1}+\varphi_{2,ij}\varepsilon_{jt-2}+\cdots)^2=\sum_{q}^{\infty}=0(\varphi_{q,ij})^2\delta_{jj} \quad (4-12)$$

假定ε_j的协方差矩阵Ω是对角矩阵，则y_{it}的方差$\gamma_{ij}(0)$是上式方差的k项简单和。

$$VAR(y_{it})=\gamma_{ii}(0)=\sum_{ji}^{k}=\left\{\sum_{q}^{\infty}=0(\varphi_{q,ij})^2\delta_{ij}\right\} \quad (4-13)$$

根据各变量的相对差贡献率(RVC)可以判断各扰动项对变量y_{it}的方差的贡献。

$$RVC_{j\to i}(S)=\frac{\sum_{q=0}^{s-1}(\varphi_{q,ij})^2\delta_{ij}}{\sum_{j=i}^{k}\left\{\sum_{q=0}^{s-1}(\varphi_{q,ij})^2\delta_{ij}\right\}} \quad i,\ j=1,\ 2,\ \cdots,\ k \quad (4-14)$$

若$RVC_{j\to i}(S)$大时，表明第j个扰动项对变量的影响大于第i个变量的贡献。

4.7.2　结果分析

出动时间、战斗时间对过火面积的影响的贡献度如图 4 - 23 所示，从图中可以看出，平均出动时间在滞后一期时对火灾的贡献率为零，从第二期开始对火灾损失的贡献度维持在 4%的水平，而平均战斗时间对火灾损失的贡献度则几乎为零，说明江西省消防部队的作战能力很强，能够在到场后很好地控制火灾，不会使过火面积扩大。总体来看，平均出动时间对平均火灾损失的贡献度更大。消防主管部门可根据本辖区实际情况加强战备，从当前效果来看，减小平均出动时间对过火面积的降低更为显著，可通过优化消防站布局或增设消防站等方式减小出动时间。

4.8　不同城市区域及火灾场所下灭火时间的敏感性分析

前文的研究中，不同城市区域及火灾场所的接警出动时间和灭火战斗时间与过火面积之间存在较为显著的差异，本节使用面板数据模型，分析城市市区和县城城区与集镇镇区和郊区农村、住宅、工业场所（厂房和仓库）及人员密集型场所（商业场所、宾馆、餐饮场所、公共娱乐场所等）接警出动时间和战斗时间对过火面积宏观影响的敏感性。

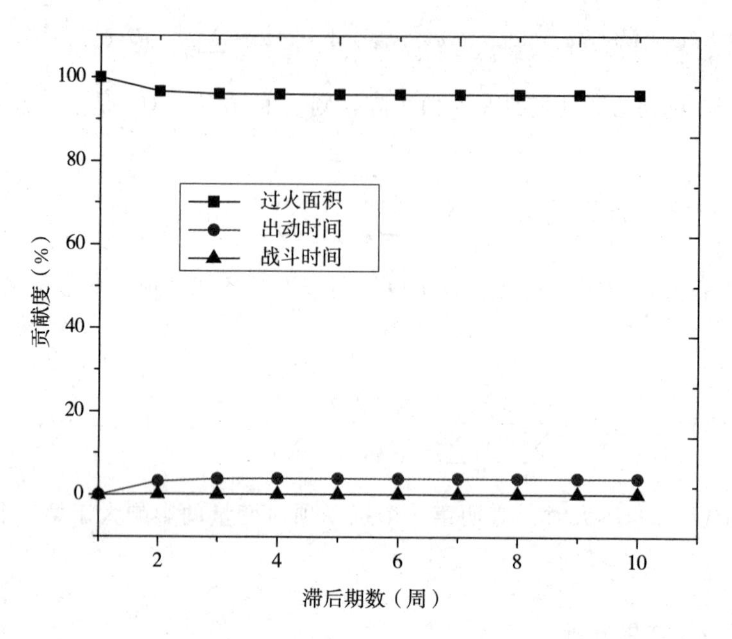

图 4-23　灭火时间对过火面积的贡献度

4.8.1　面板数据模型

面板数据具有能够同时反映变量在时间和截面二维空间上的变化规律和特征，使得面板数据模型得到了广泛的应用（Elhorst，J. P.（2003），Baltagi，B. H（2001））。

一般形式的面板数据模型为：

$$y_{it}=\alpha_{it}+\beta_{it}x_{it}+u_{it}\quad i=1,2,\cdots,N;\ t=1,2,\cdots,T \tag{4-15}$$

其中，x_{it}是 k 维解释变量的向量形式，β_{it}为其系数，T 为每个截面成员的观测时期总数，N 为截面成员个数，P 随机扰动项 U_{it} 相互独立。

面板数据模型分为混合模型、变截距模型和变系数模型三类（Kao C，1999）：

（1）混合模型

混合模型假设截距项和解释变量的系数对于所有个体成员都相同，回归方程如式 4-16，可应用混合最小二乘估计量求解参数。

$$y_{it}=\alpha+\beta_1 x_{1it}+\beta_2 x_{2it}+\cdots+\beta_k x_{kit}+U_{it} \tag{4-16}$$

(2) 变截距模型

① 固定效应模型

$$y_{it}=\alpha_i+\beta_1 x_{1it}+\beta_2 x_{2it}+\cdots+\beta_k x_{kit}+U_{it} \tag{4-17}$$

截距 α_i 对不同截面成员有不同的截距，其变化与 x_{jit} 有关。

② 随机效应模型

$$y_{it}=\alpha_i+\beta_1 x_{1it}+\beta_2 x_{2it}+\cdots+\beta_k x_{kit}+U_{it} \tag{4-18}$$

截距 α_i 对不同截面成员有不同的截距，其变化与 x_{jit} 无关。

通常，当数据包含所有研究对象时，一般使用固定效应模型；当截面成员是随机抽自总体样本时，采用随机效应模型。

(3) 变系数模型

$$y_{it}=\alpha_i+\beta_{1i} x_{1it}+\beta_{2i} x_{2it}+\cdots+\beta_{ki} x_{kit}+U_{it} \tag{4-19}$$

截面上个体成员的截距项 α_i 和解释变量系数 β_{1i}，β_{2i}，β_{3i} 都不同，即个体成员上既存在个体影响又存在结构系数变化。

4.8.2　火灾场所灭火时间敏感性分析

1. 平稳性检验

观察各火灾场所的时序图，以住宅火灾为例可以发现过火面积时间序列及灭火时间时间序列均是有截距项，没有趋势项的，因此采用只含截距项的单位根检验，滞后阶数应用 Schwarz 准则确定（Mauro Costantini and Luciano Gutierrez (2007)，Im K. S. et al. (2003)）。

EVIEWS 6.0 检验结果见表 4-4 所列。检验结果表明，在 1% 显著水平下，取对数后 F，FAT，FFT 均为平稳序列，可对其进行线性回归预测。

表 4-4　火灾场所面板数据（对数处理后）单位根检验结果

方法	F		FAT		FFT	
	统计值	Prob.	统计值	Prob.	统计值	Prob.
Levin，Lin & Chu t *	−27.7983	0.0000	−26.1396	0.0000	−24.3158	0.0000
Im，Pesaran and Shin - stat	−24.0988	0.0000	−22.7635	0.0000	−20.4406	0.0000
ADF - Fisher Chi - square	302.682	0.0000	284.990	0.0000	250.153	0.0000
PP - Fisher Chi - square	303.841	0.0000	287.463	0.0000	298.310	0.0000
结论	平稳		平稳		平稳	

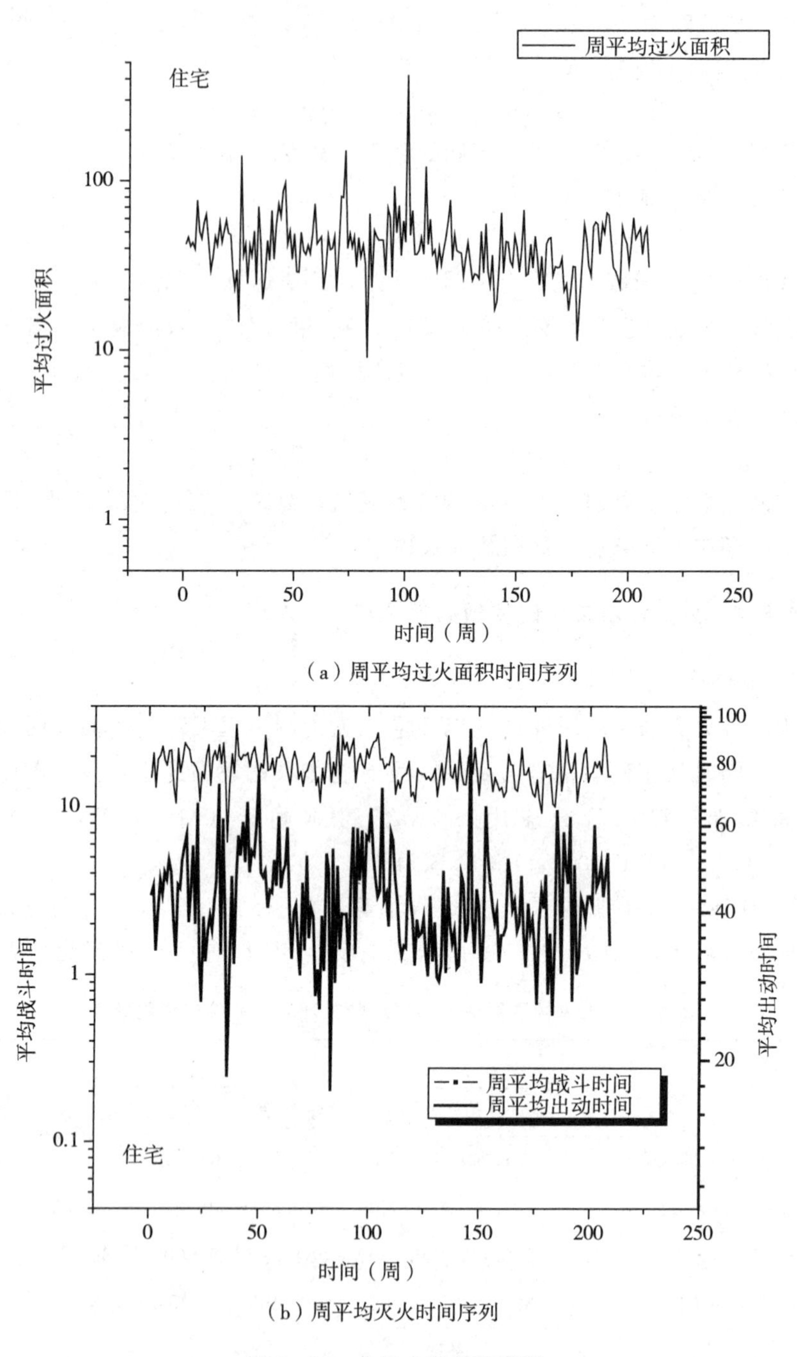

（a）周平均过火面积时间序列

（b）周平均灭火时间序列

图 4-24　住宅火灾时间序列

2. 模型建立

本节选择固定效应模变截距模型研究过火面积与出动时间和战斗时间之间的关系，前文的研究中出动时间和战斗时间的变化都会引起过火面积的变化，因此构造如下过火面积—出动时间—战斗时间回归模型（Koop，G. et al.，1996）：

$$\ln F_{it}=\alpha+\alpha_i+\beta_i\ln FAT_{it}+\gamma_i\ln FFT_{it}+\varepsilon_{it} \quad (4-20)$$

其中，α 为各截面成员截距平均值，α_i 为各截面成员截距偏离平均值的大小，β_i 和 γ_i 分别为出动时间和战斗时间的弹性系数，ε_{it} 为各截面成员的残差。

3. 结果分析

应用 EVIEWS 6.0 进行模型估计时，当截面出现异方差时，用广义最小二乘法估计，进行 GLS 加权估计和系数迭代至收敛（Engle，Rober F.，C. W. J. Granger，1987），不同火灾场所模型的估计结果见表 4 - 5 所列。

表 4 - 5 过火面积—出动时间—战斗时间模型估计结果

火灾场所	α_i	β_i	γ_i
住宅	0.631742	0.423937	0.588039
人员密集型场所	－0.983337	0.351121	1.124961
工业场所	0.351595	0.068432	1.007150

模型中系数和均为正，表明出动时间和战斗时间均对过火面积有正的影响，其中住宅的值最大，表明住宅的出动时间对过火面积最敏感，其出动时间增大 1%，过火面积将增大 0.42%，工业场所对出动时间的敏感性相较于住宅和人员密集型场所要小得多，这可能是由于工业场所往往易发生大面积火灾，出动时间的小范围变化对过火面积影响不大。分析战斗时间的敏感性，住宅的系数最小，说明相较人员密集型场所和工业场所而言，其过火面积受战斗时间变化的影响相对较小，这可能是由于住宅的建筑结构造成的。

系数表征的是各火灾场所偏离由出动时间、战斗时间所决定的理论过火面积的程度，可以看出住宅和工业场所的过火面积高于理论值而人员密集型场所的过火面积低于理论值。

4.8.3 城市区域灭火时间敏感性分析

1. 平稳性检验

与火灾场所的时序图类似，城市区域的过火面积时间序列及灭火时间时间序列均是有截距项，没有趋势项的，因此采用只含截距项的单位根检验，滞后阶数由 Schwarz 准则确定。

EVIEWS 6.0 检验结果见表 4-6 所列。检验结果表明，在 5%显著水平下，取对数后 F、FAT、FFT 均为平稳序列，可对其进行线性回归预测。

表 4-6 城市区域面板数据（对数处理后）单位根检验结果

方法	F		FAT		FFT	
	统计值	Prob.	统计值	Prob.	统计值	Prob.
Levin，Lin & Chu t*	−29.3807	0.0000	−28.3575	0.0000	−29.2021	0.0000
Im，Pesaran and Shin W-stat	−24.4901	0.0000	−25.4252	0.0000	−24.8045	0.0000
ADF-Fisher Chi-square	348.534	0.0000	367.787	0.0000	356.042	0.0000
PP-Fisher Chi-square	414.231	0.0000	371.623	0.0000	413.107	0.0000
结论	平稳		平稳		平稳	

2. 模型建立及结果分析

因过火面积、出动时间和战斗时间的时间序列都是平稳的，因此可选择 4-19式作为城市区域过火面积—出动时间—战斗时间回归模型。

表 4-7 给出了不同城市区域模型的估计结果，首先分析出动时间的弹性系数，我们发现城市市区的弹性最大，即城市市区火灾的过火面积对出动时间最敏感，出动时间每增加 1%，过火面积将增加 0.35%，郊区农村火灾过火面积对出动时间的敏感性最小，仅为 0.009%。对于战斗时间，城市市区和县城城区火灾的过火面积对战斗时间的敏感性要大于集镇镇区和郊区农村火灾，且敏感性均较高。

表 4-7 过火面积—出动时间—战斗时间模型估计结果

城市区域	α_i	β_i	γ_i
城市市区	−1.305641	0.354747	1.029948
县城城区	−0.746441	0.058081	1.227881
集镇镇区	1.791574	0.154325	0.670461
郊区农村	0.260508	0.009828	0.891651

由系数可以看出各城市区域偏离由出动时间、战斗时间所决定的理论过火面积的程度，城市市区和县城城区与集镇镇区和郊区农村呈现相反的偏离

特性，城市市区和县城城区低于理论值而集镇镇区和郊区农村的过火面积高于理论值。

4.9 本章小结

本章基于法诺因子和艾伦因子分别研究了 2007—2010 年江西省过火面积、出动时间和战斗时间的时间标度性。研究表明：

(1) 根据法诺因子，2007—2010 年江西省过火面积 30m^2 的火灾在 1000min 开始分形，时间标度指数约为 0.86832；过火面积 200m^2 的火灾大约在一周后开始分形，标度指数为 0.90905；而过火面积 600m^2 的城市建筑火灾，则始终表现为泊松分布。根据艾伦因子，过火面积 30m^2 的火灾分别在约 9.3 天和 43 天出现分形特征。对于过火面积 100m^2 的建筑火灾，其时间标度分形开始时间大约分别在 16500min（约 11.7 天）和 54 天，时间标度指数分别为 1.34 和 1.66；当过火面积大于 200m^2 时，过火面积的时间标度性消失。

(2) 根据法诺因子，对于出动时间 5 分钟的建筑火灾，其分形开始时间大约在 1 天，时间标度指数为 0.73137；出动时间 20 分钟的建筑火灾分形开始时间大约在 2000 分钟，时间标度指数为 0.71421；当出动时间 90 分钟时，其时间标度性已完全消失。根据艾伦因子，5 分钟和 20 分钟的火灾其分形开始时间均约为 1 天。而当出动时间大于 60 分钟后，其时间标度性已经消失，说明随着出动时间的增长，其时间标度性逐渐减弱，直至呈现泊松分布特征。

(3) 根据法诺因子，对于战斗时间 20 分钟的火灾，约在 1 天时呈现分形特征，其标度指数为 0.74454；而对于战斗时间大于 120 分钟的火灾，其分形开始时间约为 5000 分钟，时间标度指数为 0.48231；而当战斗时间大于 240 分钟时，其时间标度性消失，表现为泊松分布。

基于时间序列分析方法，研究了江西省 2007—2010 年城市建筑火灾时间序列的关联特征，包括周平均灭火时间与周平均过火面积之间的因果关系、长期均衡关系及各灭火时间对过火面积的贡献度等。

(1) 在滞后阶数 3 时，即周平均出动时间是火灾的 Granger 原因，而周平均战斗时间不是火灾的 Granger 原因。这说明平均出动时间对火灾的影响更显著，而且会对滞后 3 个星期的火灾产生影响；而平均战斗时间对火灾损失变化的影响不显著，但平均战斗时间会对滞后 4 个星期的火灾产生影响。

（2）从长期来看，平均出动时间、平均战斗时间与过火面积变化之间存在均衡关系，且均为正稳定关系，周平均出动时间每增加1%，周平均过火面积将增大3.17%，周平均战斗时间每增大1%，周平均过火面积将增大0.2%。周平均出动时间对火灾的影响程度要高于周平均战斗时间。

（3）平均出动时间和平均战斗时间的突变均会对平均过火面积产生正的影响，且影响持续时间约为1个月。

（4）平均出动时间在滞后一期时对火灾的贡献率为零，从第二期开始对火灾损失的贡献度维持在4%的水平，而平均战斗时间对火灾损失的贡献度则较小，总体来看，平均出动时间对平均火灾损失的贡献度更大。

（5）敏感性分析表明，对于不同火灾场所，住宅的出动时间对过火面积最敏感，其出动时间增大1%，过火面积将增大0.42%，工业场所对出动时间的敏感性相较于住宅和人员密集型场所要小得多，这可能是由于工业场所往往易发生大面积火灾，出动时间的小范围变化对过火面积影响不大。同时住宅战斗时间的敏感性最小，说明相较人员密集型场所和工业场所而言，其过火面积受战斗时间变化的影响相对较小，这可能是由于住宅的建筑结构造成的；对于不同城市区域，城市市区的出动时间敏感性最大，出动时间每增加1%，过火面积将增加0.35%，郊区农村火灾过火面积对出动时间的敏感性最小，仅为0.009%。对于战斗时间，城市市区和县城城区火灾的过火面积对战斗时间的敏感性要大于集镇镇区和郊区农村火灾，且敏感性均较高。

第 5 章　城市建筑火灾应急救援调度决策模型

本章符号表

符号	说明
F	火灾
FE_i	救援火灾 F_i 的消防车
T_A	火灾报警时间
T^a	消防车 FE_i 到达火灾地点 F_i 的时间
T^s	火灾抑制时间
T^e	消防救援结束时间
FS	消防站
EFE_i	救援火灾 F_i 的过剩消防车辆数量
β	过剩系数
d	并发火灾的消防车需求量
s	救援点可提供消防车数量
S	出救点集合
U	并发火灾的决策空间
X_{ij}	救援点参与火灾 F_j 救援的消防车数量
A	过火面积
A_0	初始过火面积
μ	火灾重要度
α_j	火灾增长速率（m^2/min）
c_j	救援效力因子

5.1 建筑火灾应急救援决策模型

5.1.1 序贯决策模型

本节的研究目标是考虑潜在火灾发生的情况下并发火灾的调度决策问题，可应用序贯决策思想。序贯决策由多个按时间顺序互为关联的决策阶段组成，序贯决策问题就是在决策空间中寻找某一决策序列，使得目标函数值最优化（武小悦，2010）。

设 X_t^n 为状态变量，为 $X(t)=\{X_t^0, X_t^1, \cdots, X_t^n\}$ 为 t 时段可行状态集，U_t^n 为决策变量，$U(t)=\{U_t^0, U_t^1, U_t^n\}$ 为 t 时段可行决策变量集，Z_t^p 为 t 时段的一个策略，$Z(t)=\{Z_t^0, Z_t^1, \cdots, Z_t^p\}$ 为 t 时段可行策略集，而 $D(l)=\{d_1^l, d_2^l, \cdots, d_t^l, \cdots, d_N^l\}$ 为序贯决策问题的一个可行策略集；X、U 和 Z 依次为状态空间、决策空间和策略空间，$\hat{U}=\{\hat{u}_1, \hat{u}_2, \cdots, \hat{u}_v\}$ 为可行约束集，f 为状态转移函数，F 为目标函数，假设问题是使目标函数最小化，则序贯决策问题可描述为：

$$\min F(t)=F(t, x_t^n, u_t^m, z_t^p) \qquad t=1, 2, \cdots, N \tag{5-1}$$

$$x_{t+1}^n=f(t, x_t^n, u_t^m, z_t^p) \tag{5-2}$$

其中，式 5－2 说明下一阶段的状态由当前的变量决定。

5.1.2 建模分析

1. 基本假设

（1）消防应急救援力量以消防车为单位，不考虑人员配置及个体消防队员作战能力差异等因素的影响；

（2）消防应急指挥系统完备（张靖，2007），可确定火灾现场所需消防车数量及消防站可用消防车数量，并可估计调派的消防车辆到达并发火灾现场的时间；

（3）群众不参与灭火战斗或参与灭火战斗的效率为零。

对假设（1），实际的灭火救援力量调度均以消防车辆作为调度单位，而城市建筑火灾的救援车辆类型一般包括灭火消防车、专勤消防车、举高消防车和后勤消防车等。尽管并非所有的消防车都参与灭火战斗，但本书考虑的是与灭火战斗直接发生关系的灭火消防车，其他保障性车辆和人员救助车辆不在考虑范围内。因此不考虑消防车总类及人员配置等因素对灭火救援的影响是可行的。

对假设（2），随着消防部队消防应急指挥系统的不断完善，消防站可用消防车数量是可以获取的，尽管目前尚不能完全掌握火灾现场的全部信息，但辅以指挥专家的灭火经验，可以判断火灾所需的消防车数量。同时，本书第三章的研究表明，消防救援力量的到达时间是可以估计的。

对假设（3），本文涉及多消防站参与应急情况下的调度问题，显然小的火灾只需要责任区内消防站处置即可，而对于大的火灾，一般而言居民参与灭火的效果较差（*Stefan Särdqvist and Göran Holmstedt*，2000），因此可以假设居民不参与灭火救援。

本节的基本假设将火灾救援力量的需求类型简化为一种消防车，将灭火救援问题转化为资源调度决策问题。

2. 决策变量

记 FS_1，FS_2，…，FS_n 为 n 个消防站出救点，$F_1(t_1)$，$F_2(t_2)$，…，$F_m(t_m)$ 为 m 起并发火灾，t_1，t_2，…，t_m 为并发火灾发生时间，$d_1(t_1)$，$d_2(t_2)$，…，$d_m(t_m)$ 为各并发火灾的消防车需求量，$S_1(t_1)$，$S_2(t_2)$，…，$S_m(t_m)$ 为对应消防站可提供消防车数量，t_{ij}^a（$i=1$，2，…，n；$j=1$，2，…，m）为第 i 个消防站到第 j 起并发火灾的出动时间，t_1^f，t_2^f，…，t_m^f 为并发火灾战斗时间。

同时根据对火灾应急救援决策机制与情景的分析，出救点还应该同时包括途中消防车辆以及过剩消防车辆，分别记 FE_i 和 EFE_i，调往第 j 起并发火灾的消防车数量记 $AFE_i(0 \leqslant A \leqslant 1)$ 和 $BEFE_i(0 \leqslant B \leqslant 1)$，其到达第 j 起并发火灾的时间记 $t_{FEij}^a(i \leqslant j)$ 和 $t_{EFEij}^a(i \leqslant j)$。

则对 $j+1$ 起并发火灾，其可调用消防车辆的出救点和对应出动时间向量可表示如下。

（1）出救点集合：$\left\{\sum_{i=1}^{n} FS_i, \sum_{i=1}^{k} FE_i, \sum_{i=1}^{l} EFE_i\right\}$。根据新增并发火灾的发生时刻确定除消防站的消防车外，已经派出的消防车是否可用。

（2）各可用救援点到达火灾现场的时间矩阵 T_{i+1}。

$$T_{i+1}=\begin{bmatrix} T^{a}_{FS} \\ T^{a}_{FS_{mi+1}} \\ T^{a}_{FE} \\ T^{a}_{FE_{ki+1}} \\ T^{a}_{EFE} \\ T^{a}_{EFE_{li+1}} \end{bmatrix}$$

根据出救点集合及消防车供给量和并发火灾消防车需求量可给出并发火灾的决策空间U，其中x_{i1}为对应救援点参与应急的消防车数量。

$$U=\begin{bmatrix} u_1 \\ u_2 \\ \cdots \\ u_p \end{bmatrix}-\begin{bmatrix} x_{11}\,x_{12}\cdots x_{1n+k+l} \\ x_{21}\,x_{22}\cdots x_{2n+k+l} \\ \cdots \\ x_{p1}\,x_{p2}\cdots x_{pn+k+l} \end{bmatrix} \tag{5-3}$$

3. 目标函数

在进行消防救援调度决策时，一类重要的决策十分重要，即当发生火灾时，首先调派距其最近(出动时间最小)的消防救援力量，当救援力量不足时再从邻近消防站调配消防车辆。本书在建立目标函数时同样需要考虑这一决策过程，应用序贯决策思想，建立首次并发火灾过火面积最小(局部优化)和总体过火面积最小(全局优化)的双目标模型。记各并发火灾的过火面积分别为$A_1(t_1^a,\ t_1^f)$，$A_2(t_2^a,\ t_2^f)$，…，$A_m(t_m^a,\ t_m^f)$。过火面积是出动时间和战斗时间的函数，本书第三及第四章的研究表明过火面积受出动时间及战斗时间的影响，大火发生概率与出动时间及战斗时间负相关，且城市区域、火灾场所对过火面积也有显著影响，这里引入火灾重要度的概念，即过火面积较大的火灾具有一定的优先级，当应急策略发生冲突时决策者可优先调配过火面积大的火灾。目标函数如下：

$$\begin{cases} \min A_j & (5-4) \\ \min \sum_{j=1}^{m} \mu_j A_j & (5-5) \end{cases}$$

$$s.t.:\begin{cases} \sum_{i=1}^{n+k+l} x_{ij} \geqslant d_j & (5-6) \\ x_{ij} \leqslant s_i & (5-7) \end{cases}$$

其中，μ_j 为第 j 起并发火灾的重要度，同时，应保证各救援点向火灾 F_j 提供的总体消防车数量大于等于其需求量，x_{ij} 为第 i 个救援点向火灾 F_j 提供的消防车数量，d_j 为火灾 F_j 需要的消防车数量；同时调度的消防车辆 x_{ij} 应不大于其拥有的消防车数量。目标函数式 5－4 为保证当前并发火灾过火面积最小，目标函数式 5－5 保证全局并发火灾的过火面积最小。

4. 目标函数解析

本节的目标函数为使过火面积最小，为达到这个目的，从消防救援的角度看有两个层面，一是最快到达火灾现场，体现的是出动时间；二是保证足够的消防力量，体现的是战斗时间。且本书第四章的研究表明当有足够的消防力量时过火面积不随战斗时间的变化而变化，即当满足火场需求的消防力量到场后火灾规模将不再扩大，这与 N. Challands（2010）和彭晨（2007）的研究吻合，他们通过分析新西兰和日本火灾数据认为过火面积不随灭火战斗时间的变化而变化。因此本节假设消防救援力量足够的条件下火灾规模不会扩大，当消防救援力量不能满足火灾救援需求时火灾规模才会增大，则可认为建筑火灾工程发展模型近似如图 5－1 所示，以救援消防车辆两次到达为例，为保证过火面积最小，应保证两次出动时间总和最小，且首次到达消防车辆应满足 $\sum FE_j \geqslant 50\% d_j$。

由图 5－1 可确定火灾过火面积：

$$A_i = A_{0j} + \alpha_j T_j^{a+} (1 - c_j)\alpha_j (T_j^{a\prime} - T_j^a) \qquad (5-8)$$

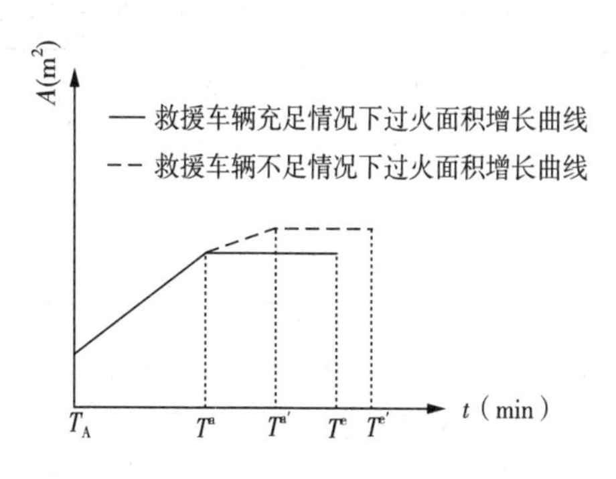

图 5－1　过火面积增长工程模型

其中，A_{0j}—— 第 j 起火灾的初始过火面积（m²），α_j—— 火灾增长速率（m²/min）（Wright MS，Archer KHL，1999），因火灾救援过程中不同出救点的救援力量可能分批到场，本节引入救援效力因子 c_j，并简单假设当消防救援力量至少达到 50% 时，救援效力因子与救援力量简单线性相关(王炜，2010)，如式 5-9 所示。T_i^a，$T_i^{a\prime}$ 为救援力量的出动时间(min)。

$$c_j = \begin{cases} 0, & \dfrac{FE_j}{d_j} < 50\% \\ \dfrac{FE_j}{d_j}, & \dfrac{FE_j}{d_j} \geqslant 50\% \end{cases} \tag{5-9}$$

对于一起火灾，其初始过火面积、火灾增长因子为定值，因此为保证过火面积最小，首批到场消防力量应尽量满足火灾的消防需求量，在满足消防力量需求的前提下，只要保证出动时间最小即可。故目标函数可转化为：

$$\begin{cases} \min \sum_{i=1}^{n} t_{ij}^a & (5-10) \\ \min \sum_{j=1}^{m} \sum_{i=1}^{n+k+l} \mu_j t_{ij}^a & (5-11) \end{cases}$$

对于出动时间和战斗，前文研究表明两者均满足对数正态分布，在决策过程中和应考虑为区间数，且出动时间主要受不同城市区域的影响，而战斗时间受火灾场所和出动时间共同作用，出动时间决定了过火面积的大小，战斗时间决定了消防救援力量的二次调派是否可行，两者的期望均值汇总见表 5-1和表 5-2 所列，决策者根据并发火灾的区域位置和场所类型可估计出动时间及战斗时间，从而作为判断是否调整行进中消防车辆和正在参与战斗车辆的状态的标准。

表 5-1　城市区域对平均出动时间和平均战斗时间的影响

城市区域	出动时间期望（分钟）	战斗时间期望（分钟）
市区	5.07514	27.00441
县城	5.56257	29.93174
集镇	18.89882	51.31883
郊区	28.22038	51.70744

表 5-2　火灾场所对平均出动时间和平均战斗时间的影响

火灾场所	出动时间期望（分钟）	战斗时间期望（分钟）
住宅（市区）	5.13021	28.20885
住宅（郊区）	29.41753	50.82903
商业场所	5.18507	29.33344
公共娱乐场所	4.96277	30.09455
餐饮场所	4.97786	26.74588

（续表）

火灾场所	出动时间期望（分钟）	战斗时间期望（分钟）
宾馆	4.82276	27.59172
厂房（市区）	5.76032	42.18269
厂房（郊区）	22.08649	70.66466
仓库（市区）	5.98913	33.28693
仓库（郊区）	26.15728	53.61405

并发火灾的重要度 μ_j 可根据城市区域、建筑性质、初始过火面积等因素确定，是决策者主观偏好和火灾客观条件的综合反映。对应分析结果表明火灾场所中商业场所、公共娱乐场所、餐饮场所和宾馆倾向于过火面积小的火灾，而厂房和仓库倾向于过火面积大的火灾。另外，P. G. Holborn et al.（2004）的研究表明不同火灾场所的火灾增长速率不同，综合以上因素可给出火灾重要度的选择准则，见表 5－3 所列。

表 5－3　不同场所的火灾重要度

(NFPA 92B（1991），BSI DD 240（1997），Nelson HE（1987）)

火灾场所	μ		
	$0 \leqslant A_0 \leqslant 10$	$10 < A_0 < 40$	$A_0 \geqslant 40$
仓库、厂房	1.0	3.0	5.0
医院和公共建筑（商业、餐饮、公共娱乐）	1.0	2.0	3.0
学校、零售店	0.8	1.5	2.0
住宅、宾馆	0.5	1.0	1.5

5.2　实证分析

5.2.1　并发火灾概况

以南昌市 2009 年 1 月 25 日 19：00 至 19：47 的 5 起并发火灾为例，火灾信息见表 5－4 所列，总过火面积为 218m^2。图 5－2 为火灾地点及消防站相对位置，依据火灾发展模型，可反推火灾增长速率，见表 5－5 所列。图 5－3 为消防队处置并发火灾的实际决策图，各消防站到达各并发火灾位置的静态时间分布见表 5－6 所列。

表 5-4 南昌市 2009.1.25 19：00～19：47 并发火灾信息表

火灾编号	T_A（min）	T^a（min）	T^s（min）	T^e（min）	A_0（m^2）	A（m^2）	建筑类型
F_1	19：00	19：12	19：20	19：47	20	40	公共娱乐场所
F_2	19：07	19：17	21：07	21：47	30	50	仓库
F_3	19：11	19：27	19：57	20：28	30	54	商场
F_4	19：23	19：31	21：56	22：26	40	54	商场
F_5	19：29	19：40	19：55	20：00	15	20	住宅

表 5-5 并发火灾的增长速率

火灾编号	（m^2/min）
F_1	1.667
F_2	1.500
F_3	1.500
F_4	1.750
F_5	0.455

表 5-6 消防站到达各并发火灾位置的静态时间分布

T^a（min）	F_1（$d=4$）	F_2（$d=6$）	F_3（$d=6$）	F_4（$d=6$）	F_5（$d=2$）
FS_1（$s=8$）	12	10	7	19	15
FS_2（$s=9$）	15	15	16	5	9
FS_3（$s=8$）	27	18	22	8	11

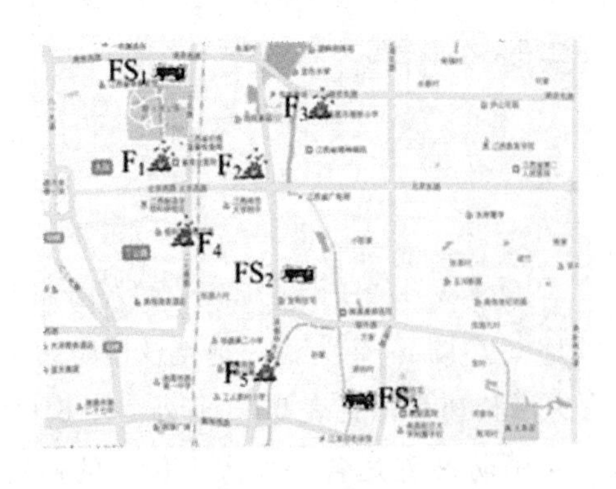

图 5-2 火灾及消防站地理位置

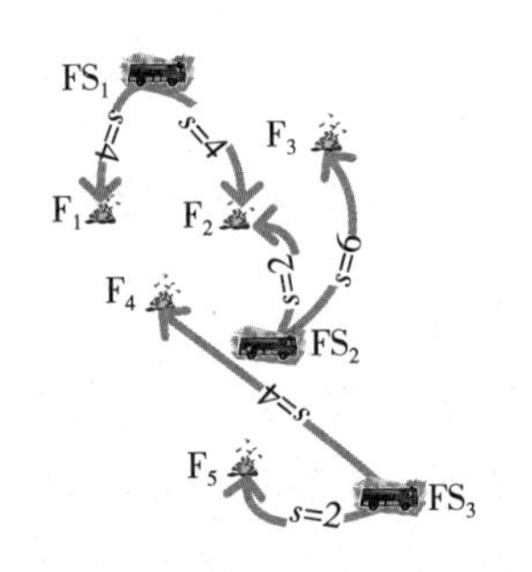

图 5-3 并发火灾救援决策图

5.2.2　序贯决策模型对救援结果的影响

假设所有火灾的重要度相同，均为 1，我们能够基于序贯决策模型分析应急救援决策过程，因为 $T_{A1}<T_{A2}<T_1^a$，因此需要考虑是否将救援火灾 F_1 的消防车辆 FE_1 向 F_2 调度，同时 $T_1{}^s\leqslant T_{A4}\leqslant T_1{}^e$，故需要考虑是否将 EFE_1 向火灾 F_4 调度。根据实际情况，$T^a_{FE_1 2}=7\text{min}$（小于 $T^a_{FS_1 2}=10\text{min}$），而 $T^a_{EFE_1 4}=3\text{min}$（小于 $T^a_{FS_3 4}=15\text{min}$）。根据目标函数式 5-5，火灾 F_4 的救援方案需优化调整，首先考虑火灾 F_1 的过剩车辆（$EFE_1=2$）向火灾 F_4 救援，然后调度消防站 FS_3 中的救援车辆，救援决策图如图 5-4 所示，调整救援决策方案后，过火面积 A_4 从 $54m^2$ 减少到 $46.4m^2$，并且总体过火面积从 $218m^2$ 减少到 $198.4m^2$。

5.2.3　并发火灾重要度对救援结果的影响

对于并发火灾，救援决策者存在对火灾严重程度的选择偏好，在假设火灾 F_2 的重要度 μ_2 优于火灾 F_1 的重要度 μ_1 的情况下，重塑南昌市 2009 年 1 月 25 日 19：00～19：47 并发火灾应急决策过程。

19：00 火灾 F_1 发生后，消防站 FS_1 向其调派的消防车 $FE_1=4$，行进途中 19：07 火灾 F_2 发生，此时设 $T^a_{FE_1 2}=7\text{min}$，小于 $T^a_{FS_1 2}=10\text{min}$，故 FE_1 选择前往救援火灾 F_2，同时消防站 FS_1 分别向火灾 F_1 和 F_2 调派 2 辆消防车，消防站 FS_2 向火灾 F_1 调派 2 辆消防车；对于火灾 F_4，$T^a_{EFE_1 4}=3\text{min}$ 小于 $T^a_{FS_3 4}=15\text{min}$，则 EFE_1 需向火灾 F_4 调度。此时应急决策图如图 5-5 所示。调整后的救援结果见表 5-7 所列。

表 5-7　不同火灾重要度下过火面积序贯决策结果

F_1	μ_1	1.0	$A_1(m^2)$	28	$A_1'(m^2)$	33.7
F_2	μ_2	5.0	$A_2(m^2)$	50	$A_2'(m^2)$	44.6
F_3	μ_3	2.0	$A_3(m^2)$	54	$A_3'(m^2)$	54
F_4	μ_4	3.0	$A_4(m^2)$	54	$A_4'(m^2)$	46.4
F_5	μ_5	1.0	$A_5(m^2)$	20	$A_5'(m^2)$	20
			$\sum_{i=1}^{5} A_i(m^2)$	206	$\sum_{i=1}^{5} A_i(m^2)$	198.7
			$\min\sum_{i=1}^{5}\mu_i A_i(m^2)$	568	$\min\sum_{i=1}^{5}\mu_i A'_i(m^2)$	523.9

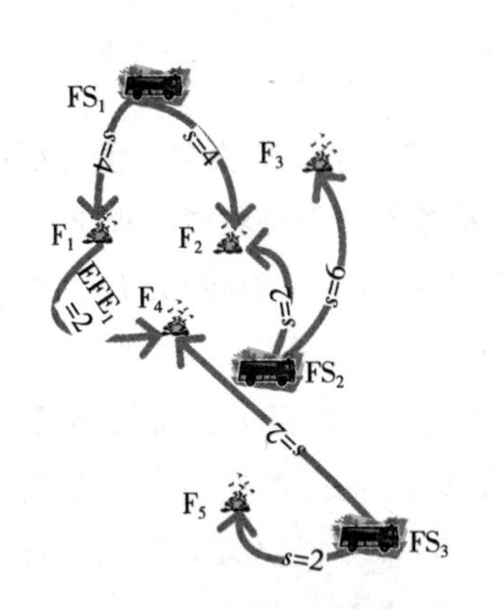

图 5-4　并发火灾同时发生条件下救援决策图

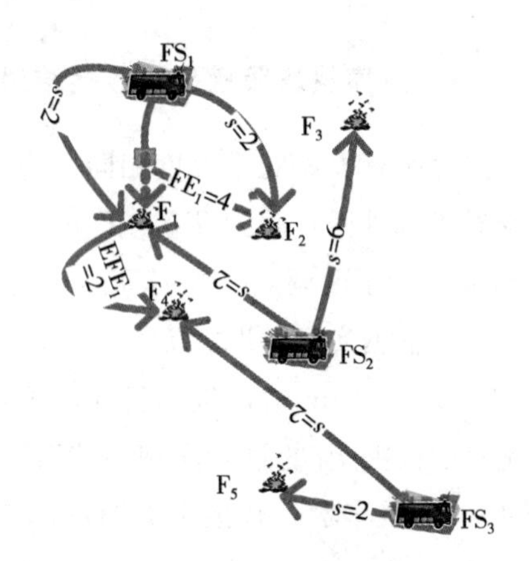

图 5-5　不同火灾重要度情况下救援决策图

考虑火灾重要度情况下，充分考虑消防救援车辆的二次调度，总体并发火灾的过火面积从 206m^{2}减小到 198.7m^2。同时，考虑火灾重要度情况下总体过火面积从 568m^{2}减小到 523.9m^2。

5.3　本章小结

本章总结前文火灾数据统计规律，基于序贯决策模型，建立并发火灾应急救援决策模型，得到如下结果：

分析了火灾应急救援决策机制，考虑了应急救援车辆的动态特征，在传统的固定救援点模型基础上，引入了途中消防车辆和救援过程中过剩消防车辆作为新增救援点的二次调度因素。

模型基于灭火时间的关联分析，考虑了火灾发展变化对决策结果的影响，为决策者综合考虑并发火灾的总体损失提供了预测参考。

火灾时序特征是并发火灾应急救援必须面对的重要影响因素，本章基于序贯决策的思想，建立了双层两目标规划模型，即考虑当前并发火灾损失最小和并发火灾总体损失最小两个目标，实现局部最优和整体最优。

为了解决火灾场所和城市区域对灭火时间和过火面积的影响，本章引入了火灾重要度的概念，决策者可依据具体火灾所处区域和场所的概率分布调整决策方案，实现决策目标整体最优的目的。

基于南昌市真实并发火灾案例对模型进行了检验，结果显示本书发展的建筑火灾应急救援决策模型适用于复杂应急救援条件下的调度决策，能够为决策者提供最优的资源调度方案。

第6章　安徽省并发火灾的宏观统计

6.1　数据描述

本部分数据源中国安徽省火灾统计数据由安徽省消防总队提供，分为火灾报告、接警出动报告两部分。全部的统计数据包含安徽省2002年至2011年间51241条火灾记录见表6-1所列，为灭火救援情况的真实反映，详细记录了每一起火警接警处置情况及后续处理情况。每条记录都有如下内容。

损失情况：火灾等级、过火面积、伤亡情况、直接财产损失；

火灾概况：起火时间、起火地点、火灾原因、是否发生轰燃；

火场情况：行业类别、经济类型、建筑类别、建筑耐火等级、建筑结构、自动报警系统、防排烟系统；

消防时间：接警时间、到场时间、展开时间、出水时间、控制时间、熄灭时间、结束时间、返队时间。

其中，控制时间定义为火灾报告中到场时间与控制时间的差值。通过字段匹配，对安徽省火灾报告、接警出动报告合并成火灾统计数据表。

行政区域编码的前四位为城市名称，代码顺序为3401合肥、3402芜湖、3403蚌埠、3404淮南、3405马鞍山、3406淮北、3407铜陵、3408安庆、3409阜阳、3411滁州、3412宿州、3413六安、3414巢湖、3415宣城、3416池州、3417亳州、3418黄山。

在数据处理过程中发现，过火面积存在非整数的情况，因此在考虑统计精度的情况下，在文中将非整数面积处理为整数面积。如过火面积为0.7m^2，处理为1m^2；过火面积为2.1m^2，处理为3m^2。对于过火面积为0m^2的情况，经过分析可认为是电器起火或火灾初期消防队员未到火场前火灾已被人们扑灭等情况，将此种情形的过火面积处理为1m^2。

火灾统计数据中对于时间的描述为数值形式，如对于并发火灾的统计研究，我们选取合肥市 2002—2011 年的火灾报告和接警出动报告。通过字段匹配，我们可以得出表 6-2。与表 6-1 类似，表中包含起火地点、行政区域编码、直接财产损失、过火面积、接警时间、到场时间、展开时间、出水时间、控制时间、熄灭时间、结束时间。

安徽火灾数据中也存在着信息内容不完全的情况。在具体实际的统计分析过程中，筛选所需分析内容信息完备的火灾数据。

表 6-1 中第一条记录，接警时间为 20020123141700，表示接警时间为 2002 年 1 月 23 日 14 时 17 分 0 秒。控制时间 20020123144500，表示到场时间为 2002 年 1 月 23 日 14 时 45 分 0 秒。控制时间为到场时间与控制时间的差值，为 28 分钟。

6.1.1 灭火控制时间

根据《城市消防站建设标准》的“15 分钟消防时间”：火灾发展过程一般可以分为初起、发展、猛烈、下降和熄灭五个阶段，在 15 分钟内，火灾具有燃烧面积不大、火焰不高、辐射热不强、烟和气体流动缓慢、燃烧速度不快等特点，比如说对于房屋建筑火灾，在 15 分钟内尚属于初起阶段；如果消防队能在火灾发生的 15 分钟内开展战斗，将有利于控制和扑救火灾，否则火势将猛烈燃烧，迅速蔓延，造成重大损失。

15 分钟消防时间分配为：发现起火 4 分钟、接警和指挥中心处警 2 分 30 秒、接到指令出动 1 分钟、行车到场 4 分钟、开始出水扑救 3 分 30 秒，即原则上消防出动时间不应超过 5 分钟。

图 6-1 引自彭晨，图中对消防时间做出了详细的区分。为了表达方便，用 t_F 表示出动时间（attendance time），用 t_z 表示战斗时间（fighting time），t_s 表示控制时间（controlling time）。

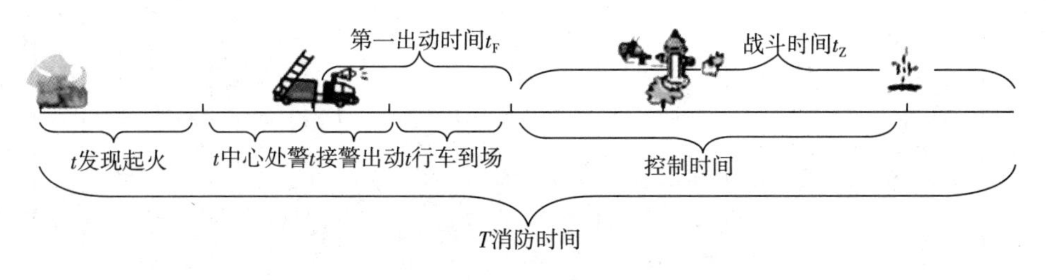

图 6-1 消防时间分配图

表 6－1　安徽省火灾情况统计表

起火地点	行政区域编码	直接财产损失(元)	过火面积(平方米)	接警时间	到场时间	展开时间	出水时间	控制时间	熄灭时间	结束时间
固镇路与阜阳路交叉口西 100 米	3401020000	400	1	20020123141700	20020123142000	20020123142200	20020123142300	20020123144500	20020123145000	20020123145900
张洼路胜利小区 56 栋一楼	3401020000	350	1	20020123174200	20020123174500	20020123174600	20020123174700	20020123182000	20020123183300	20020123183500
阜阳路金地花园 2 栋 4 楼阳台	3401020000	260	2	20020125181800	20020125182000	20020125183000	20020125183500	20020125183800	20020125184200	20020125185000
舒城路省政府宿舍 7 幢 505 室	3401020000	300	100	20020125232000	20020125233000	20020125233500	20020125233600	20020126020000	20020126023000	20020126024000
濉溪路与阜阳路东 200 米	3401020000	450	80	20020126235200	20020126235500	20020127000000	20020127000200	20020127003500	20020127010000	20020127013000
蒙城北路	3401020000	200	1	20020201125800	20020201131000	20020201131100	20020201131200	20020201131500	20020201141000	20020201142500
……	……	……	……	……	……	……	……	……	……	……

表 6－2 合肥市并发火灾情况统计表

起火地点	行政区域编码	直接财产损失（元）	过火面积（平方米）	接警时间	到场时间	展开时间	出水时间	控制时间	熄灭时间	结束时间
芙蓉路惠林苑小区十八栋 103 室	3401050000			20070228144000	20070228144300	20070228144400	20070228144500	20070228153000	20070228155000	20070228160000
芙蓉路汇林园小区 18 栋 103 室	3401050000	5075	80	20070228144000	20070228144300	20070228144500	20070228144700	20070228151500	20070228154500	20070228160000
临泉路合家福门口摩托车	3401060000	90	0	20070310075300	20070310075800	20070310075800	20070310075800	20070310080100	20070310080100	20070310080400
肥东县撮镇镇南大街	3401310000	800	3	20070310080300	20070310083100	20070310083200	20070310083300	20070310084000	20070310084600	20070310084700
乐普生北边一巷内停车场旁边	3401020000	50	5	20070313210800	20070313211300	20070313211400	20070313211500	20070313215000	20070313221000	20070313224000
合淮路长丰县徐庙段一面包车失火	3401210000	10000	8	20070313223600	20070313230300	20070313230400	20070313230500	20070313231400	20070313231600	20070313231800
……	……	……	……	……	……	……	……	……	……	……

战斗时间 t_z，是指从消防队到达现场开始准备战斗到灭火救援战斗结束的这段时间，即包括出水时间和救援时间；而控制时间 t_s 包含在战斗时间当中，但指的是从到达现场到火灾规模不再扩大这部分的时间。控制时间体现的是消防队灭火救援的有效性，控制时间越短，灭火效率越高。

6.1.2 数据分析方法

Origin 为科研工作中数据分析处理所使用的主流软件。文中使用的软件为 Origin8。

直方图（Histogram）首先统计出各个数据区间中的数据总数，然后根据统计结果，绘制统计结果的直方图，实际是根据频数统计结果绘制柱状图。操作实现的方法是：选中数据中需要处理的列，通过 Plot/Statistics/Histogram 命令，即可生成直方统计图。

回归分析是一种从处理变量与变量之间相互关系的数理统计方法，该方法可从大量散点数据中探索出反映事物内部的一些统计规律，同时该方法可以按数学模型表达处理，称之为回归方程；回归分析既可以处理变量与变量之间的关系，又可以为变量间关系提供出数学表达式形式的经验公式。

本章中主要对灭火控制时间的概率进行拟合，采用非线性回归的方法，具体操作步骤是导入数据后，在 Analysis/Fitting/Nonlinear Curve Fit 菜单下打开 NLFit 对话框，在函数目录中选择拟合函数，单击 Fit 按钮即可。

6.2 安徽省火灾基本情况

6.2.1 安徽省火灾损失随年份分布情况

根据 2002—2011 年间的火灾统计数据，利用 origin 软件可得如下图表。

图 6－2 是安徽省 2002—2011 年城市火灾损失总体趋势图。从图中可以看出，火灾起数随年份呈现一种波折性增长，而过火面积随年份总体来说也呈现一种增长的趋势。在描述火灾损失的过程中，利用过火面积来描述更符合实际情况。同时也可看出，受伤人数与死亡人数随年份呈现一种减小的趋势。

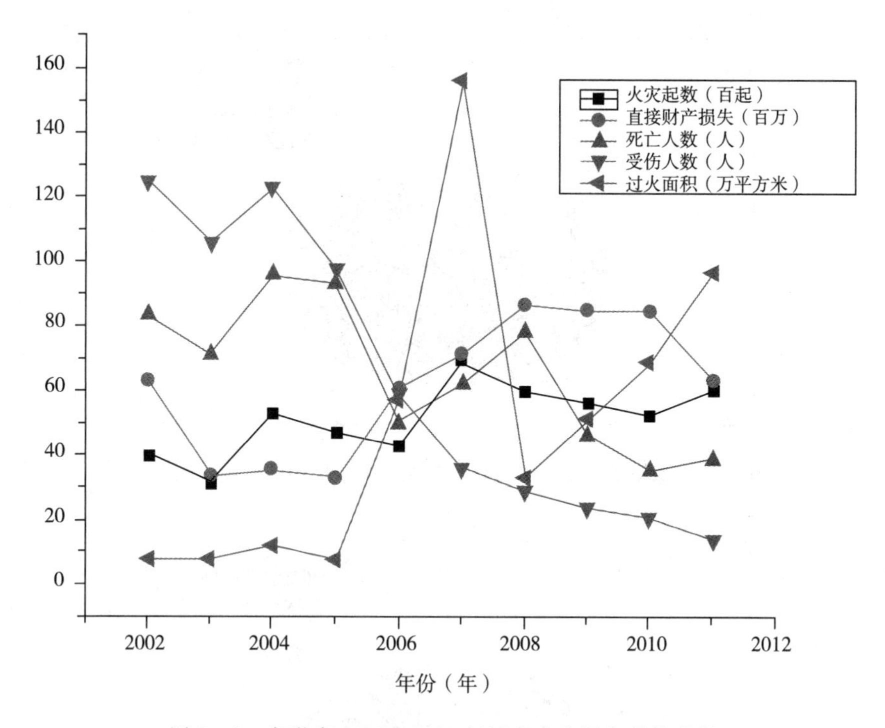

图 6-2　安徽省 2002—2011 年城市火灾损失总体趋势

6.2.2　火灾在每日不同时段发生的规律

通过对 2002—2011 年火灾在不同时段发生的频数进行统计，利用 origin 软件对数据进行处理，可以得出火灾在每日不同时段发生的饼图并进而了解火灾在一天的高发时段。由此可以对提高人们预防火灾发生，加强消防安全意识起到积极的作用。

从图 6-3 中可以看出，对于安徽 2002—2011 年总体火灾来说，火灾在一天中发生比例最高的是在中午十二点到晚上六点，达到 34.76%，比例最低的是零点到六点，达到 14.36%。同时可以看出，中午十二点到零点的火灾总数所占的比例为 62.3%，大于前半天即零点到中午十二点的比例 37.7%。因此可以推测由于人们在后半天，即中午十二点到零点的精神疲惫和人员活动的增多会造成火灾起数的相对增多。

对于并发火灾，我们将研究同一地区在同一火灾周期内的火灾。我们研究合肥市 2002—2011 年间的并发火灾，并对其每日的并发火灾发生时段数据进行了统计，由此得到了饼图，如图 6-4 所示。

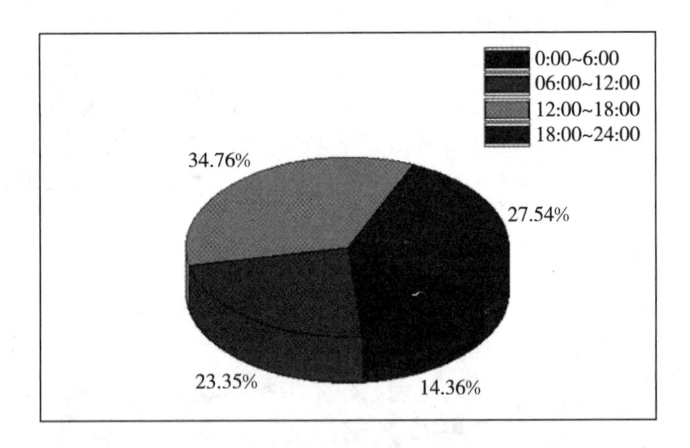

图 6-3　安徽省 2002—2011 年总体火灾每日发生时段比例饼图

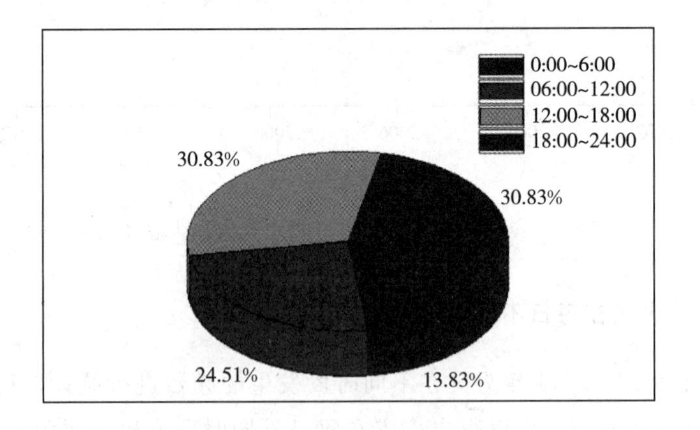

图 6-4　合肥市 2002—2011 年并发火灾每日发生时段比例饼图

从图 6-4 中可以看出，对于合肥市 2002—2011 年并发火灾来说，火灾在一天中发生比例最高的是在中午十二点到晚上六点，以及晚上六点到零点，达到 30.83%，比例最低的是零点到六点，达到 13.83%。同时可以看出，中午十二点到零点的火灾总数所占的比例为 61.66%，大于前半天即零点到中午十二点的比例 38.34%。因此可以推测由于人们在后半天，即中午十二点到零点的精神疲惫和人员活动的增多会造成火灾起数的相对增多。

6.2.3　火灾在节假日发生的规律

通过对安徽省 2002—2011 年总体火灾在节假日发生的频数进行统计，利用 origin 软件对数据进行处理，可以得出总体火灾在节假日和除了节假日以外当月的平均每日火灾起数的柱形图，从而对比得到总体火灾在节假日发生的规律和特点，从而提醒人们对于节假日期间的消防安全应当予以极高的重视。

从图6-5中可以看出，对于安徽2002—2011年总体火灾，总的来说，除了元旦，火灾在节假日发生的平均每日火灾起数均高于除了节假日之外的当月平均每日火灾起数。除此以外，也可以看出对于安徽省来说，春节发生的火灾起数将要比元旦、五一、圣诞要多。这说明对于总体火灾，一般情况下节假日的火灾起数会高于平时，这是由于节假日的庆祝活动增多造成比如礼花、鞭炮等引燃物的出现、电器火灾的频率增多以及人们对于消防安全的疏忽等原因所引起的。

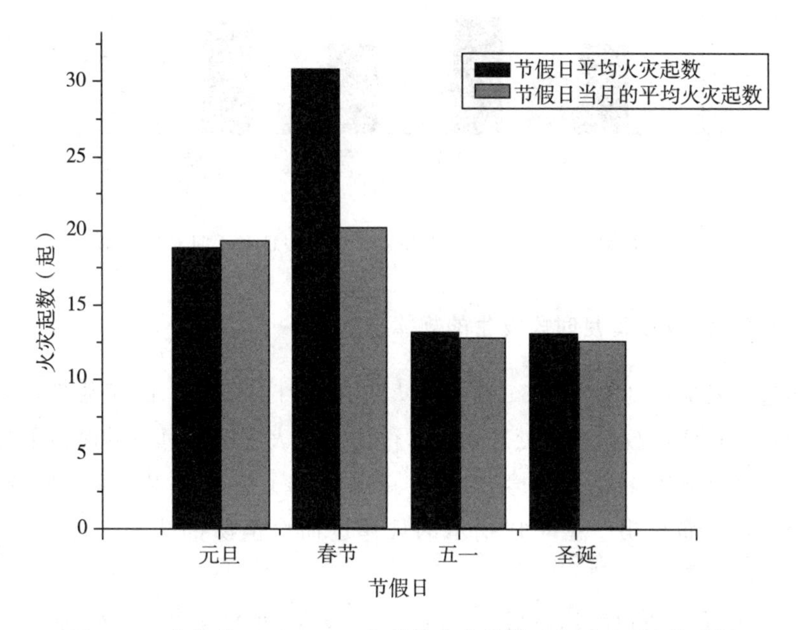

图6-5 安徽省2002—2011年总体火灾节假日和平时对比柱形图

同时对于并发火灾，我们将研究同一地区在同一火灾周期内的火灾。我们研究合肥市2002—2011年间的并发火灾，并对其在节假日发生的平均每日并发火灾起数与节假日当月的平均每日并发火灾起数作出对比，由此得到了柱形图，如图6-6所示。

从图6-6中可以看出，对于合肥市2002—2011年并发火灾来说，节假日的并发火灾起数均大于平时的并发火灾起数，同时也可以看出随着节假日节庆活动的开展，人员活动增多，在同一个火灾周期内，发生火灾的频率增大。

并发火灾对节假日的影响显著，这也对节假日期间消防部队进行救援决策、处理消防力量分配、及时有效地到达火灾现场等问题提出了挑战。

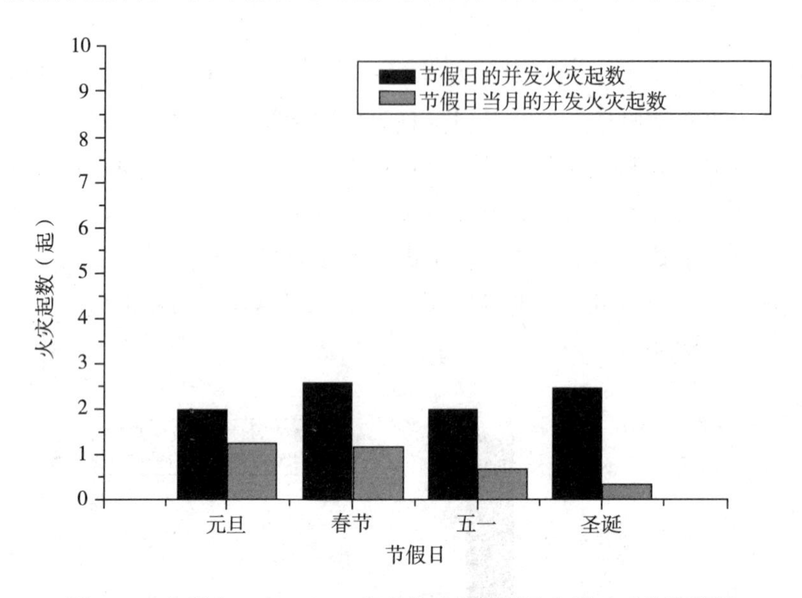

图 6-6　合肥市 2002—2011 年并发火灾节假日和平时对比柱形图

6.2.4　火灾在每月时段发生的规律

通过对安徽省 2002—2011 年总体火灾在每月时段发生的频数进行统计，利用 origin 软件对数据进行处理，可以得出总体火灾在每月不同时段的比例。本节将一个月分为 1 号～10 号、11 号～20 号、21 号～31 号三个不同的时段进行分析，从而得出一些可以揭示的规律进而对消防部队和人民群众提供指导。

从图 6-7 中可以看出，对于安徽 2002—2011 年总体火灾，火灾在每个月的 1 号到 10 号发生的比例最大，达到 37.54%，其次为 11 号～20 号，比例最小的为 21 号～31 号。这说明对于总体火灾，火灾在每个月的发生比例是呈现逐段下降的趋势。

同时对于并发火灾，我们通过研究合肥市 2002—2011 年间的并发火灾，并对其在每月发生时段的起数进行了统计，利用 origin 软件得到了饼图，如图 6-8 所示。

从图 6-8 中可以看出，对于合肥市 2002—2011 年并发火灾来说，在每个月不同时段的发生比例也不尽相同，在如图三个时段发生的比例分别为

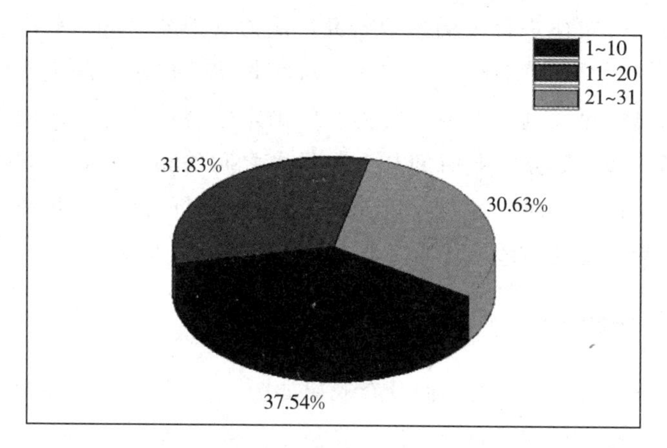

图6-7 安徽省2002—2011年总体火灾每月发生时段饼图

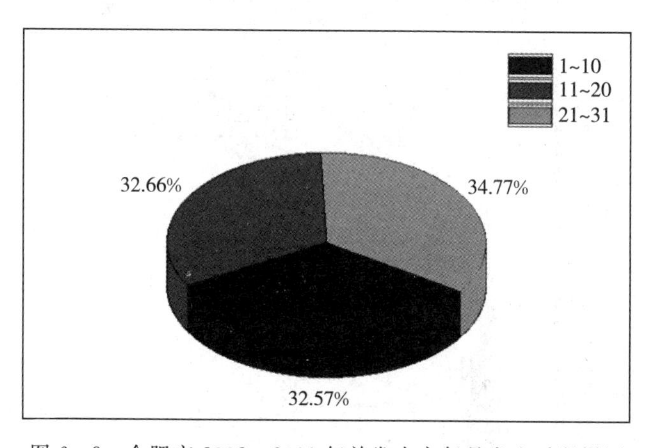

图6-8 合肥市2002—2011年并发火灾每月发生时段饼图

34.77%、32.66%、32.57%，在一个月的21～31号发生的比例最大，1～10号发生的比例最小。

根据总体火灾与并发火灾在每月时段发生规律的对比，可以看出对二者而言，并发火灾在每月时段发生的比例规律与总体火灾的正好相反，这说明对于消防部队而言，应在一个月的下旬阶段多注意并发火灾的发生，从而做好消防力量分配的决策工作。

6.3 控制时间的分布律

消防部队作为火灾救援的主要力量，其对火灾救援的有效性是衡量城市防灾救灾能力的重要体现。在消防的若干个时间段中，王德勇对于战斗时间和出动时间的分布律进行了细致的研究，认为其战斗时间—频率以及出动时间—频率均满足对数正态分布。和战斗时间相比，控制时间更能体现灭火的有效性，通过历史数据，发现火灾内在的确定性规律，进而为消防管理和决策提供依据。通过研究控制时间与火灾损失之间的相关性，有着积极的意义和实际的应用价值。研究城市建筑火灾灭火控制时间的分布规律有助于消防部队科学决策，有效防范，从而降低人员伤亡和财产损失。

6.3.1 总体分布律

总体火灾的频率—控制时间分布规律如图 6－9 所示，控制时间—频率符合对数正态分布。对数正态分布概率密度函数如式 6－1 所示，其中：t_c为控制时间，R^2＝0.94413，x_c＝10.44832，ω＝0.80252。

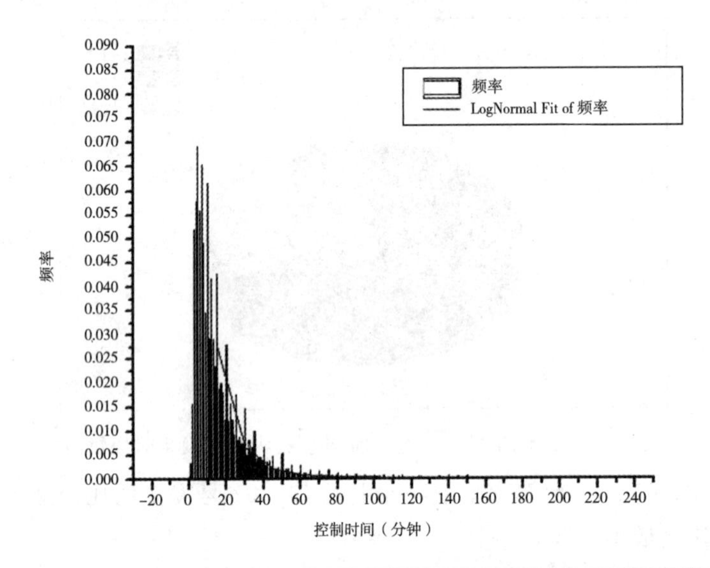

	y_0		x_c		W		A		Statistics	
	Value	Error	Value	Error	Value	Error	Value	Error	Reduced Chi-Spr	Adj.R-Square
频率	2.84796E-4	1.64657E-4	10.44832	0.22039	0.80252	0.01631	0.91785	0.01612	6.27712E-6	0.94413

图 6－9 安徽 2002—2011 年总体火灾频率—控制时间分布统计

$$f\ (t_c,\ x_c,\ w)\ =\frac{1}{\sqrt{2\pi}\cdot\omega\cdot t_c}\exp\left\{-\frac{[\ln\ (t_c/x_c)]^2}{2\omega^2}\right\} \qquad (6-1)$$

拟合结果说明总体火灾的控制时间—频率服从对数正态分布，且平均控制时间约为 10 分钟。

而对于并发火灾，通过研究合肥市 2002—2011 年的并发火灾数据，可以得出控制时间—频率的关系，如图 6－10 所示。

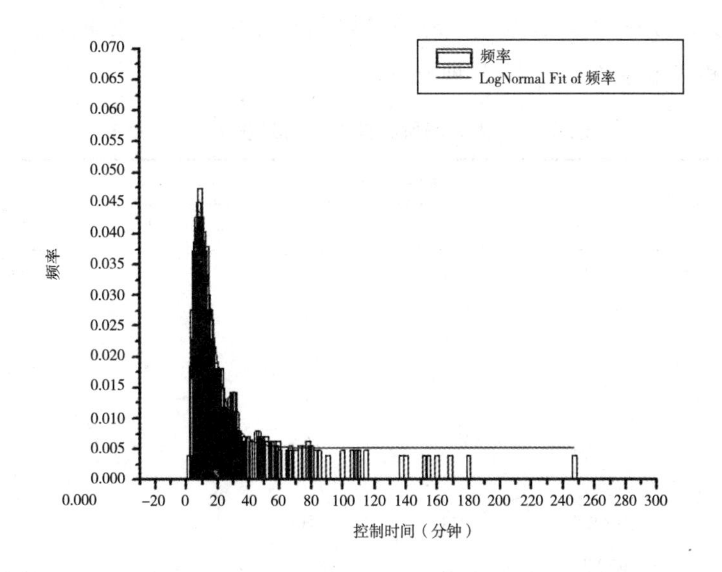

	y_0		x_c		W		A		Statistics	
	Value	Error	Value	Error	Value	Error	Value	Error	Reduced Chi-Spr	Adj.R-Square
频率	0.00514	3.1296E-4	11.90972	0.22311	0.6374	0.0158	0.61492	0.01262	3.40021E-6	0.97716

图 6－10　合肥 2002—2011 年并发火灾频率—控制时间分布统计

并发火灾的频率—控制时间分布规律如上图 6－10 所示，控制时间—频率符合对数正态分布。对数正态分布概率密度函数如式 6－1 所示，其中：t_c 为控制时间，$R^2=0.97716$，$x_c=11.90972$，$\omega=0.6374$。

拟合结果说明并发火灾的控制时间—频率服从对数正态分布，且平均控制时间约为 12 分钟。

6.3.2　不同场所控制时间的差异

火灾场所与控制时间的列联表见表 6－3 所列，前两维主轴对应的累积惯量为 88％和 100％。依据累计惯量大于 70％有效的原则，说明第一、第二主轴可以表征火灾场所和战斗时间的相关性。

首先分析控制时间和火灾场所之间的相似性，控制时间 21～40 分钟和 41～60 分钟相距较近，1～20 分钟、61～220 分钟与其具有差异较大的轮廓，控制时间可能被划分为短、中、长三个区域。火灾场所也呈现几种不同的特征，由图 2－6 可以看出，商业场所，住宅和餐饮场所的轮廓相似，且商业场所，住宅，餐饮场所距离控制时间 1～20 分钟较近，厂房倾向于控制时间 61～220 分钟较长的轮廓，可能是由于这类场所内可燃物多，火灾蔓延速度快造成的（Holborn et al.，2002）。仓库距离控制时间 41～60 分钟较近，而公共娱乐场所和宾馆距离 21～40 分钟较近。

表 6－3　火灾场所和控制时间列联表

火灾场所	控制时间（分钟）				合计
	1～20	21～40	41～60	61～220	
住宅	2402	591	160	80	3233
商业场所	404	131	33	31	599
公共娱乐场所	55	22	2	0	79
餐饮场所	243	49	6	0	298
宾馆	55	25	7	2	89
仓库	90	47	17	18	172
厂房	908	278	91	114	1391
合计	4157	1143	316	245	5861

根据表 6－4 所列的绝对贡献度，控制时间 61～220 分钟对主轴 I 的贡献度最大。因此主轴 I 的方向可以定义为灭火控制时间。主轴 I 右侧会出现控制时间短的火灾，而主轴 I 左侧会出现控制时间长的火灾。

表 6－4　火灾场所和控制时间在第一、第二主轴上的惯量分解＊

火灾场所	相对贡献度	质量	惯量	主轴 I			主轴 II		
				坐标	相对贡献度	绝对贡献度	坐标	相对贡献度	绝对贡献度
住宅	978	551	176	68	977	199	－2	1	1
商业场所	892	102	21	49	696	18	26	195	49
公共娱乐场所	828	13	34	116	293	14	157	535	239
餐饮场所	966	50	138	199	949	153	－27	17	26
宾馆	965	15	34	－27	21	0	181	943	357
仓库	995	29	208	－313	925	219	86	70	155
厂房	997	237	364	－147	954	393	－31	43	169
控制时间（分钟）									
1～20	1000	354	153	76	919	159	－22	81	131
21～40	972	97	97	－75	374	42	95	597	632
41～60	847	27	95	－224	815	103	44	31	37
61～220	997	20	633	－660	968	694	－115	29	198

注：＊所有计算值放大 1000 倍，同时小数点后的数字被忽略。

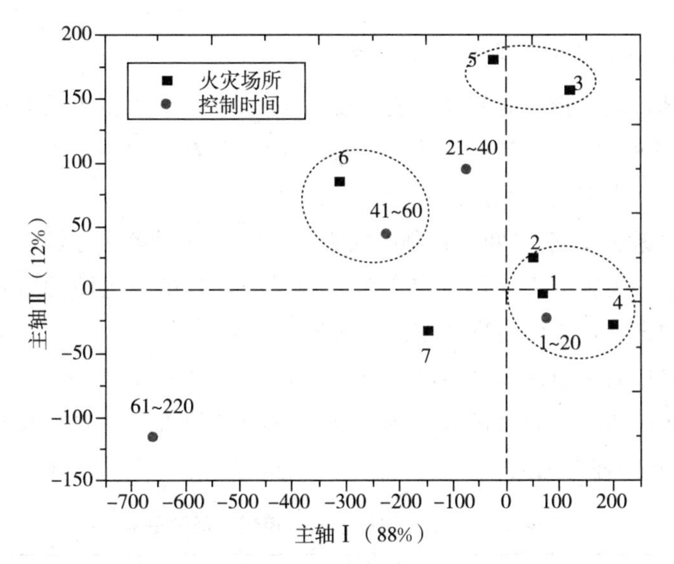

图 6-11 火灾场所和控制时间对应分析图

1—住宅；2—商业场所；3—公共娱乐场所；4—餐饮场所；5—宾馆；6—仓库；7—厂房

由 6.3.1 节可知总体火灾控制时间呈现对数正态分布特征，且平均控制时间约为 10 分钟，且对应分析表明不同起火场所控制时间存在一定差异：厂房和仓库倾向于控制时间较长的火灾，而住宅、商业场所、宾馆、公共娱乐场所和餐饮场所倾向于控制时间短的火灾，分别研究不同起火场所灭火控制时间的分布律，发现除了公共娱乐场所与宾馆的数据量过少无法进行有效的拟合外，其他各起火场所控制时间—概率均满足对数正态分布，各场所的平均控制时间期望见表 6-5 所列，厂房和仓库的平均控制时间均高于总体火灾的平均控制时间（10.448 分钟），住宅和商业场所的平均控制时间接近总体火灾的平均控制时间。

表 6-5 不同场所控制时间标准对数正态分布参数

场所	x_c	x_c	ω	ω	R^2
	Value	S. E.	Value	S. E.	
住宅	10.155	0.35058	0.76379	0.02698	0.93338
商业场所	10.03901	0.67461	0.76484	0.06233	0.84789
餐饮场所	9.80578	1.1689	0.71299	0.09288	0.77593
仓库	19.50686	5.9545	1.0297	0.20119	0.5417
厂房	12.19849	0.53477	0.75075	0.03447	0.87946

6.3.3 不同区域控制时间的差异

不同城市区域控制时间列联表见表 6-6 所列，前两维主轴对应的累积惯量为 94.5%和 100%。依据累计惯量大于 70%有效的原则，说明第一、第二主轴可以表征火灾场所和控制时间的相关性。

同时根据表 6-7 可知，控制时间为 1～20 分钟对第一主轴的相对贡献度最大，故第一主轴的方向可以定义为控制时间，且第一主轴的右侧会出现控制时间短的火灾，左侧会出现控制时间长的火灾。

可以看出城市市区和县城城区倾向于控制时间短（1～20 分钟）的火灾，而集镇镇区倾向于控制时间较长为 61～220 分钟的火灾，农村倾向于控制时间为 21～40 分钟的火灾。

表 6-6 不同城市区域与控制时间列联表

城市区域	控制时间（分钟）				合计
	1～20	21～40	41～60	61～220	
城市市区	3502	764	201	169	4636
县城城区	2252	367	75	84	2778
集镇镇区	854	293	65	84	1296
农村	2152	553	156	137	2998
合计	8760	1977	497	474	11708

表 6-7 城市区域和控制时间在第一、第二主轴上的惯量分解 *

火灾场所	相对贡献度	质量	惯量	主轴Ⅰ			主轴Ⅱ		
				坐标	相对贡献度	绝对贡献度	坐标	相对贡献度	绝对贡献度
城市市区	955	396	18	17	546	11	−15	409	151
县城城区	999	237	429	144	969	441	25	30	244
集镇镇区	999	110	431	−208	947	432	49	52	427
郊区农村	992	256	118	−71	913	115	−20	78	177
控制时间（分钟）									
1～20	1000	748	233	60	999	246	0	1	0
21～40	997	168	375	−162	995	396	7	2	15
41～60	998	42	173	−194	785	144	−101	213	697
61～220	995	40	215	−242	925	212	66	70	287

注：* 所有计算值放大 1000 倍，同时小数点后的数字被忽略。

由文献可知，城市区域对控制时间有一定影响，而不同控制时间下，火灾的发展形势是不同的，灭火救援开展得越晚则火灾规模越大，越不利于消防战斗与火灾规模的控制，不同区域下控制时间分布情况见表 6－8 所列，可以看出，各区域频率—控制时间的对数正态分布拟合较好，均达到 99%以上。且城市市区和县城城区的平均控制时间较短，而集镇镇区和郊区农村的平均控制时间则较长，分别约为 15 分钟与 13 分钟，且火灾数量较多，为 4314 起，因此今后城市消防站规划建设重点应向集镇和郊区倾斜，提高出动时间，进而提高消防救援的时效性。

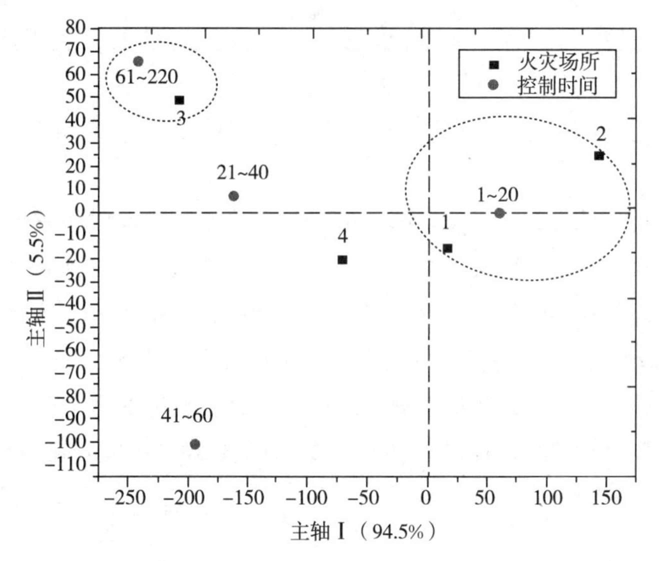

图 6－12　城市区域—控制时间对应分析图

1—城市市区；2—县城城区；3—集镇镇区；4—郊区农村

表 6－8　不同城市区域下灭火控制时间统计

城市区域	样本量	x_c Value	x_c S. E.	ω Value	ω S. E.	R^2
城市市区	4658	12.31803	0.124	0.85447	0.00742	0.99427
县城城区	2792	10.19616	0.11197	0.79048	0.00845	0.99285
集镇镇区	1309	14.82853	0.20175	0.8529	0.00983	0.99248
郊区农村	3005	13.0537	0.13771	0.82153	0.00788	0.99426

由 6.3.2 节的研究我们知道火灾场所对控制时间有影响，而本节的研究表明城市区域同样对控制时间有显著影响，两者耦合作用下控制时间的分布见表 6－9 所列，我们选择住宅、商业场所和仓库三类场所分析不同城市区域

下的差异。

表 6－9　不同区域住宅、商业场所和仓库三类场所控制时间的差异

火灾场所	城市区域	样本量	x_c（分钟）		ω		R^2
			平均值	标准差	平均值	标准差	
住宅	城市市区	1173	12.34032	0.22354	0.85897	0.01288	0.99102
	郊区农村	833	11.96733	0.25285	0.81634	0.0155	0.98713
商业场所	城市市区	286	12.40807	0.29437	0.71176	0.01874	0.97897
	郊区农村	25	12.62707	0.87472	0.41934	0.06834	0.81414
仓库	城市市区	52	—	—	—	—	—
	郊区农村	23	16.51669	1.15074	0.5922	0.06336	0.94017

6.4　出动时间与控制时间的相关性研究

对于消防部队的救援而言，前人的研究结果表明出动时间越早，则越有利于控制火灾损失。而多数火灾在消防队到场后火情就可以得到有效控制，也就是说出动时间与控制时间之间存在着一定的相关性。图 6－13 给出了出动时间 60 分钟内出动时间与控制时间的关系图。可以看出，控制时间与出动时间之间是分散的，体现了火灾的随机性规律，同时，每一分钟的出动时间下，控制时间呈现“簇”分布特征，且多集中于下部，这又体现了火灾的确定性规律。

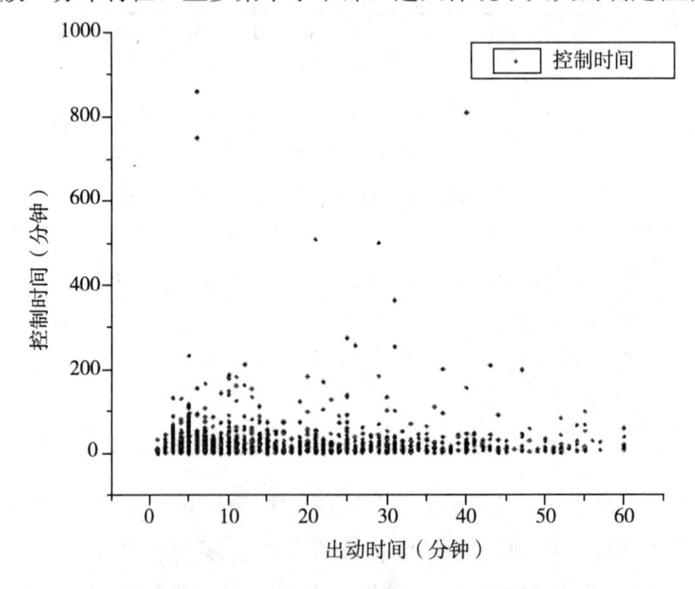

图 6－13　出动时间与控制时间的总体分布

进一步分析每一分钟的出动时间下控制时间的统计规律，图 6 - 11～图 6 - 18给出了出动时间 3～10 分钟下对应控制时间的分布规律，可以看出控制时间呈现较好的对数正态分布特征。

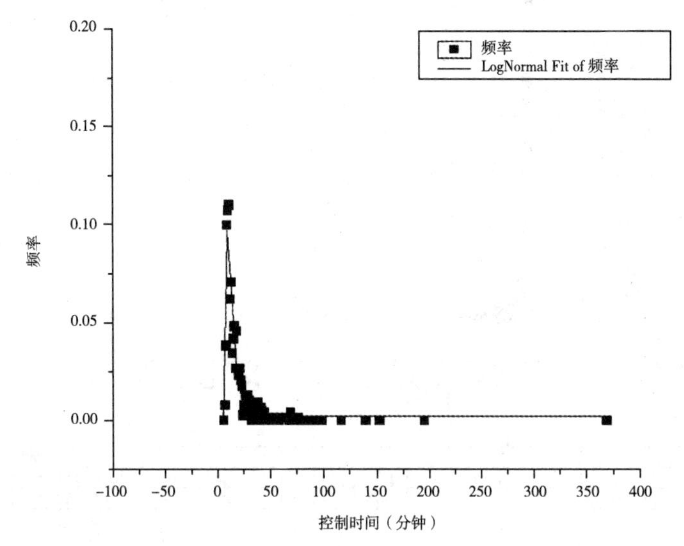

	y_0		x_c		W		A		Statistics	
	Value	Error	Value	Error	Value	Error	Value	Error	Reduced Chi-Spr	Adj.R-Square
频率	0.00322	0.00105	6.27465	0.2393	0.65317	0.03215	0.78343	0.03186	4.58367E-5	0.92574

图 6 - 14　出动时间 3 分钟下控制时间—频率分布

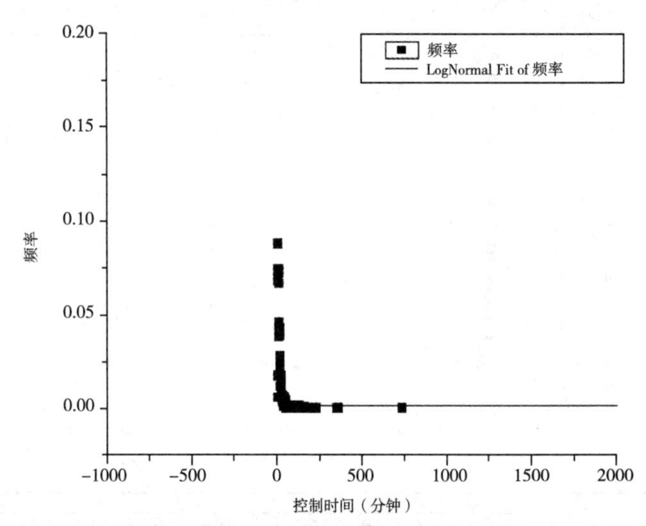

	y_0		x_c		W		A		Statistics	
	Value	Error	Value	Error	Value	Error	Value	Error	Reduced Chi-Spr	Adj.R-Square
频率	0.00155	4.96415E-4	8.09353	0.19317	0.69472	0.01953	0.86371	0.02021	1.33903E-5	0.96634

图 6 - 15　出动时间 4 分钟下控制时间—频率分布

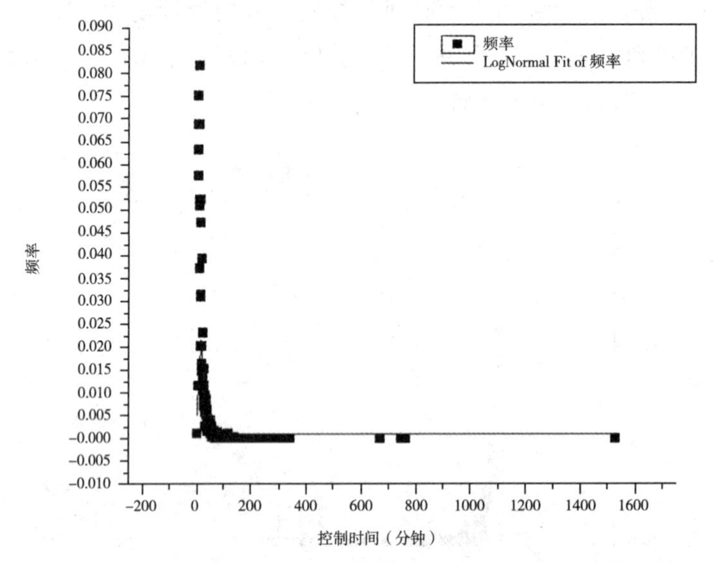

	y_0		x_c		W		A		Statistics	
	Value	Error	Value	Error	Value	Error	Value	Error	Reduced Chi-Spr	Adj.R-Square
频率	0.00115	4.40118E-4	8.99775	0.25228	0.70873	0.02277	0.85899	0.02321	1.60676E-5	0.94047

图 6-16　出动时间 5 分钟下控制时间—频率分布

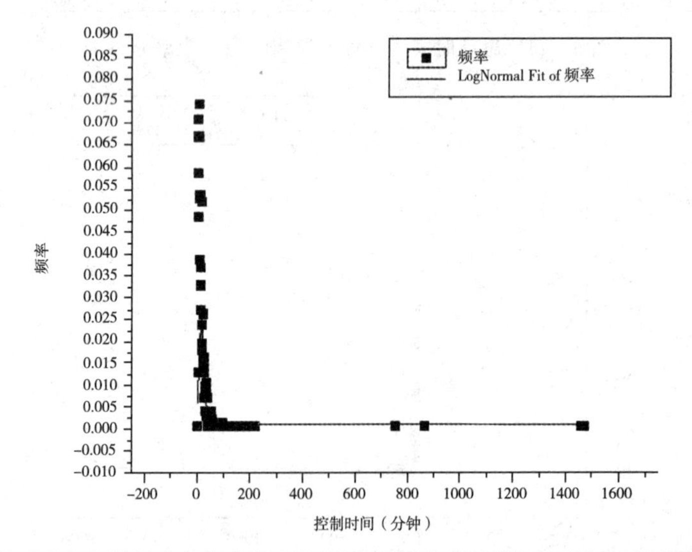

	y_0		x_c		W		A		Statistics	
	Value	Error	Value	Error	Value	Error	Value	Error	Reduced Chi-Spr	Adj.R-Square
频率	0.00124	7.15103E-4	9.95909	0.41366	0.75676	0.03242	0.89623	0.03222	2.35778E-5	0.92492

图 6-17　出动时间 6 分钟下控制时间—频率分布

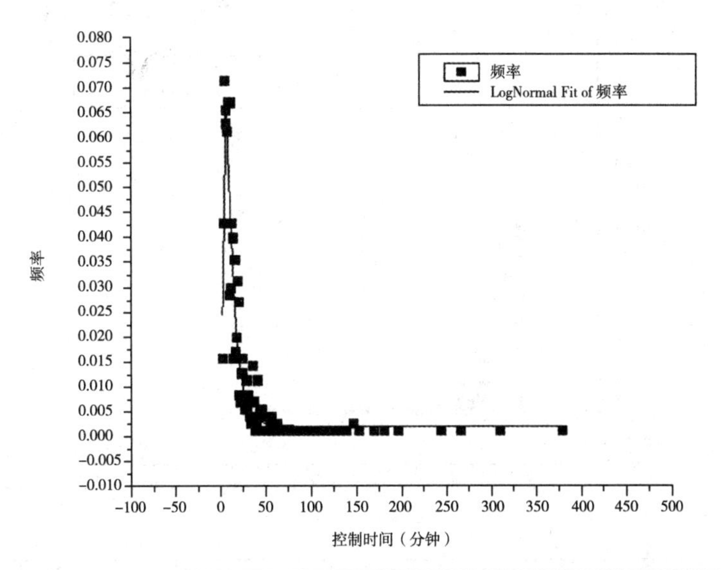

	y_0		x_c		W		A		Statistics	
	Value	Error	Value	Error	Value	Error	Value	Error	Reduced Chi-Spr	Adj.R-Square
频率	0.00221	8.37081E-4	9.32707	0.42032	0.71287	0.03667	0.8238	0.03522	3.23436E-5	0.90193

图 6-18　出动时间 7 分钟下控制时间—频率分布

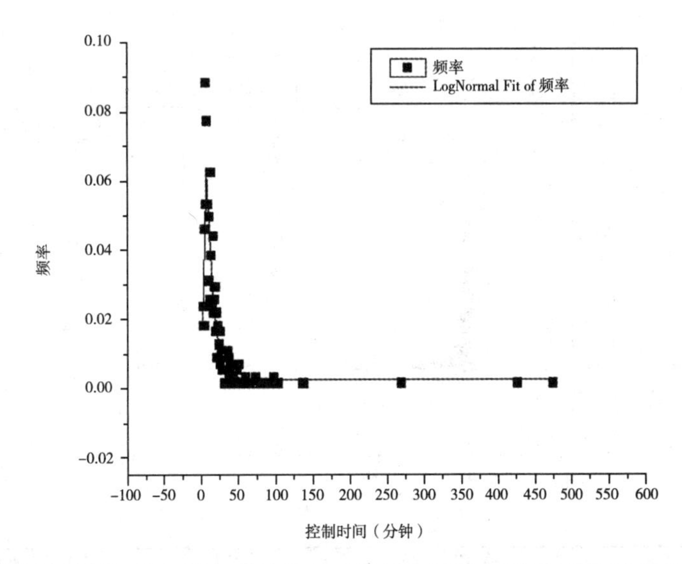

	y_0		x_c		W		A		Statistics	
	Value	Error	Value	Error	Value	Error	Value	Error	Reduced Chi-Spr	Adj.R-Square
频率	0.00259	0.00143	10.18593	0.65808	0.69681	0.05223	0.83421	0.05178	5.89317E-5	0.84215

图 6-19　出动时间 8 分钟下控制时间—频率分布

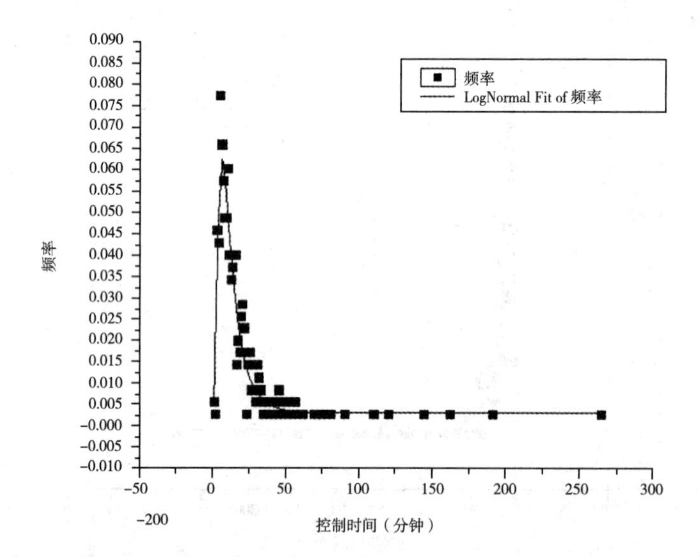

	y_0		x_c		W		A		Statistics	
	Value	Error	Value	Error	Value	Error	Value	Error	Reduced Chi-Spr	Adj.R-Square
频率	0.00314	0.00114	10.1387	0.50469	0.69772	0.04009	0.82762	0.0392	3.30455E-5	0.90934

图 6-20　出动时间 9 分钟下控制时间—频率分布

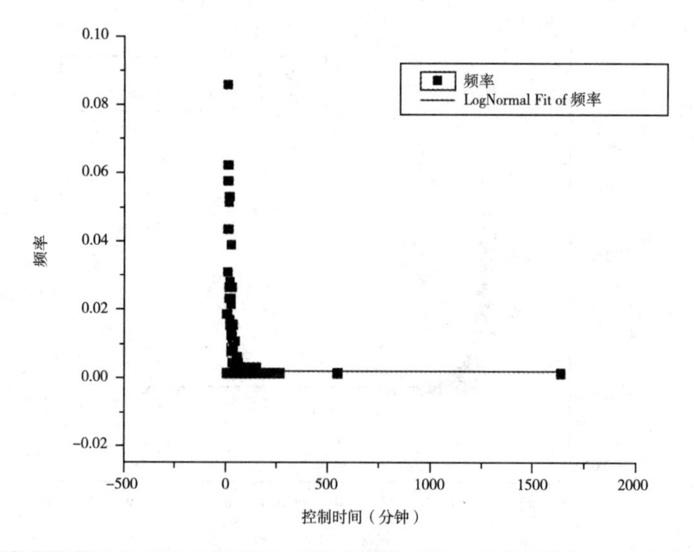

	y_0		x_c		W		A		Statistics	
	Value	Error	Value	Error	Value	Error	Value	Error	Reduced Chi-Spr	Adj.R-Square
频率	0.00203	0.00112	10.3457	0.74412	0.76458	0.05578	0.8371	0.0515	5.63678E-5	0.8112

图 6-21　出动时间 10 分钟下控制时间—频率分布

表6-10给出了不同出动时间下（出动时间30分钟内）平均控制时间的标准对数正态分布参数，可以看出随着出动时间的增长，平均控制时间总体而言呈增长状态。

表6-10　控制时间与出动时间

出动时间（分钟）	样本量	x_c Value	x_c S. E.	ω Value	ω S. E.	R^2
3	809	6.27465	0.2393	0.65317	0.03215	0.92574
4	1280	8.09353	0.19317	0.69472	0.01953	0.96634
5	3064	8.99775	0.25228	0.70873	0.02277	0.94047
6	1214	9.95909	0.41366	0.75676	0.03242	0.92492
7	700	9.32707	0.42032	0.71287	0.03667	0.90193
8	542	10.18593	0.65808	0.69681	0.05223	0.84215
9	349	10.1387	0.50469	0.69772	0.04009	0.90934
10	641	10.3457	0.74412	0.76458	0.05578	0.8112
15	363	9.69839	1.01564	0.68278	0.08541	0.67614
20	299	10.50086	1.0248	0.67092	0.08009	0.67794
25	209	11.95145	0.29684	0.75052	0.01874	0.98401
30	194	13.41241	0.46089	0.686	0.02727	0.96361

平均控制时间随出动时间变化趋势如图6-22所示，出动时间30分钟内，平均控制时间随出动时间呈分段函数下的线性特征，二者满足：

$$t_s=\begin{cases}5.94194+0.4959t_a, & t_a<15\\5.72409+0.25185t_a, & 15\leqslant t_a\leqslant 30\end{cases} \tag{6-2}$$

出动时间在30分钟内时，消防部队越早到达越有利于提高控火效率，因为在火灾发展初期，火灾功率和规模均较小，火情容易得到快速控制，而较晚到达火灾现场，火灾规模得到了快速发展，将增加消防部队的作战时间；同时，出动时间大于15分钟后，平均控制时间随出动时间增长趋势即斜率变小，即出动时间对控制时间的影响减弱。这是由于一般情况下，火灾规模在一定时间发展后会增加到一个相对稳定的阶段，在火灾稳定阶段消防部队到场时间的早晚对控制时间的敏感度降低。

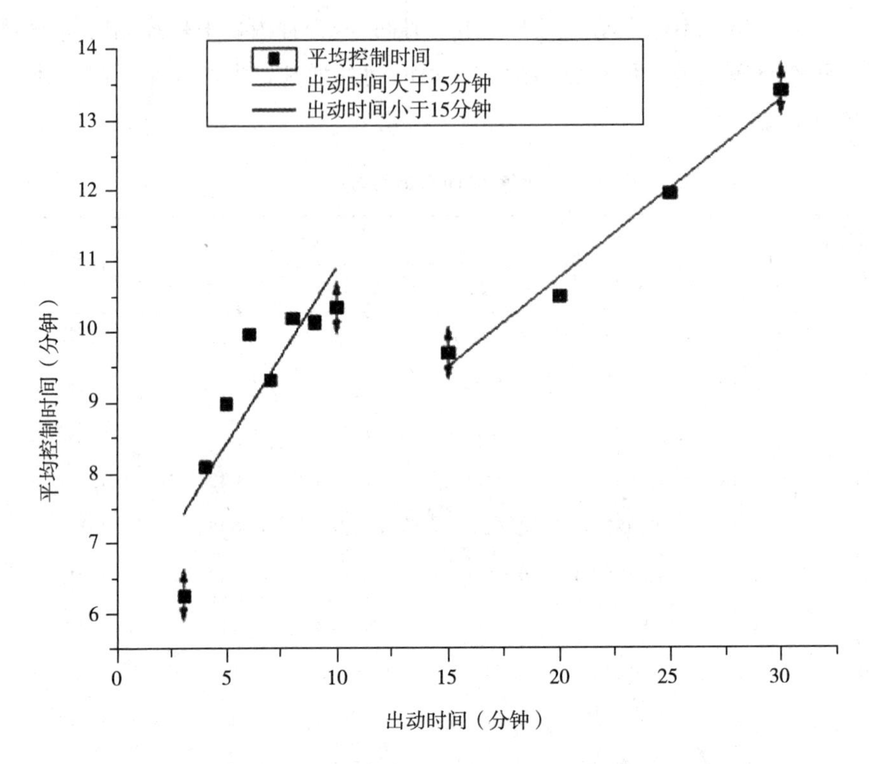

图 6-22　平均控制时间随出动时间的变化趋势

6.5　本章小结

本章基于安徽省 2002—2011 年火灾消防时间的统计数据，对安徽省的火灾情况和控制时间分布律、控制时间与出动时间的相关性进行了统计分析，得到如下结论：

对于安徽 2002—2011 年总体火灾来说，火灾在一天中发生比例最高的是在中午十二点到晚上六点，达到 34.76%；比例最低的是零点到六点，达到 14.36%。

对于合肥市 2002—2011 年并发火灾来说，火灾在一天中发生比例最高的是在中午十二点到晚上六点，以及晚上六点到零点，达到 30.83%；比例最低的是零点到六点，达到 13.83%。

对于总体火灾，一般情况下节假日的火灾起数会高于平时。对于并发火灾来说，节假日的并发火灾起数均大于平时的并发火灾起数，同时也可以看出随着节假日节庆活动的开展，人员活动增多，在同一个火灾周期内，发生火灾的频率增大。

对于总体火灾，火灾在每个月的发生比例是呈现逐段下降的趋势。同时对于并发火灾，在一个月的21～31号发生的比例最大，1～10号发生的比例最小。根据总体火灾与并发火灾在每月时段发生规律的对比，可以看出对二者而言，并发火灾在每月时段发生的比例规律与总体火灾的正好相反。

无论是总体火灾还是并发火灾的控制时间—频率规律均满足对数正态分布，对应分析表明不同起火场所控制时间存在一定差异：厂房和仓库倾向于控制时间较长的火灾，而住宅、商业场所、宾馆、公共娱乐场所和餐饮场所倾向于控制时间短的火灾。分别研究不同起火场所灭火控制时间的分布律，发现除了公共娱乐场所与宾馆的数据不满足对数正态分布外，其他各起火场所控制时间—概率均满足对数正态分布。厂房和仓库的平均控制时间均高于总体火灾的平均控制时间（10.448分钟），住宅和商业场所的平均控制时间接近总体火灾的平均控制时间。

对于不同城市区域的火灾，城市市区和县城城区倾向于控制时间短（1～20分钟）的火灾，而集镇镇区倾向于控制时间较长为61～220分钟的火灾，农村倾向于控制时间为21～40分钟的火灾。

各区域频率—控制时间的对数正态分布拟合较好，均达到99%以上。且城市市区和县城城区的平均控制时间较短，而集镇镇区和郊区农村的平均控制时间则较长，分别约为15分钟与13分钟，且火灾数量较多。

从出动时间60分钟内出动时间与控制时间的关系图可以看出控制时间与出动时间之间是分散的，体现了火灾的随机性规律，同时，每一出动时间下，控制时间呈现“簇”分布特征，且多集中于下部，又体现了火灾的确定性规律。

不同出动时间下（出动时间30分钟内）平均控制时间的标准对数正态分布参数，可以看出随着出动时间的增大，平均控制时间总体而言呈增长状态。出动时间30分钟内，平均控制时间随出动时间呈分段函数下的线性特征。出动时间大于15分钟后，平均控制时间随出动时间增长趋势即斜率变小，即出动时间对控制时间的影响减弱。

第7章　火灾过火面积与控制时间的相关性分析

本章符号表

符号	说明
N	控制时间区间，$N=1, 2, \cdots, 12=$ [1，20]，[21，40]，…，[221，240]
X	过火面积（m^2）
$P(X=x_i \mid N)$	控制时间区间为 N 时，过火面积为 X 时的发生概率
x_i	过火面积离散值
$A(N)$	过火面积—概率幂函数系数
$B(N)$	过火面积—概率幂函数系数

7.1　引　言

近年来关于火灾的幂律特征研究取得了一定进展，已有研究发现森林火灾和城市火灾的“频率—损失”能够较好地满足幂律分布规律，具有自组织临界性的基本特征，而火灾系统如具有稳定的幂律分布，则对灾害防治具有重要的指导意义。

在城市建筑火灾统计研究中，Holborn et al. 以表格的形式研究了建筑火灾大小和消防响应时间之间的关系，并讨论了建筑类型、着火时间、报警时间及居民第一救援力量的影响。彭晨，Lu 研究了出动时间与过火面积的相关性，并揭示了每一出动时间下过火面积—频率满足幂律特征，并指出该幂律特征适用于火灾发生初期（出动时间12分钟内）。而本书第二章的研究表明出动时间和控制时间具有一定相关性，是否可以推断控制时间一定条件下过火面积—频率同样满足幂律特征呢？

本章的研究重点是城市建筑火灾损失与灭火控制时间的相关性，Sardqvist et al通过研究伦敦地区1994—1997年间307起非居民的建筑火灾统计数据，发现平均战斗时间随过火面积线性增加，定性地说明了建筑物和火源特性决定了过火面积的大小。但受制于火灾样本量较少，其研究结果的通用性有待验证。同时对于建筑火灾而言，建筑结构和可燃物性质对过火面积影响较大，且火灾发生初期之后，过火面积与出动时间关系不大，而主要与战斗时间相关，而在战斗时间当中，控制时间的大小对于控制火灾规模、减小火灾损失具有重要作用，因此研究控制时间与过火面积的相关性具有更为广泛的适用范围。本书第二章的研究结果表明火灾场所和城市区域对控制时间同样具有较大影响，根据文献已知，战斗时间一定的条件下过火面积—频率的幂律关系存在，则可以进一步给出一定控制时间区间下的过火面积—频率分布，以及不同火灾场所、不同城市区域下的过火面积—频率的幂律分布差异，对于指导消防部队开展灭火战斗资源调度具有更为直接的指导意义。

7.2 过火面积定义

安徽省火灾数据中，定义过火面积为过火地表面积。过火面积由火灾统计人员在灾后进行勘测。不同种类过火物的过火面积有不同的测量方法，在参考文献《火災報告取扱要領ハンドブック》中有详细的说明。典型的测量方法如图7-1所示。

7.3 数据和分析方法

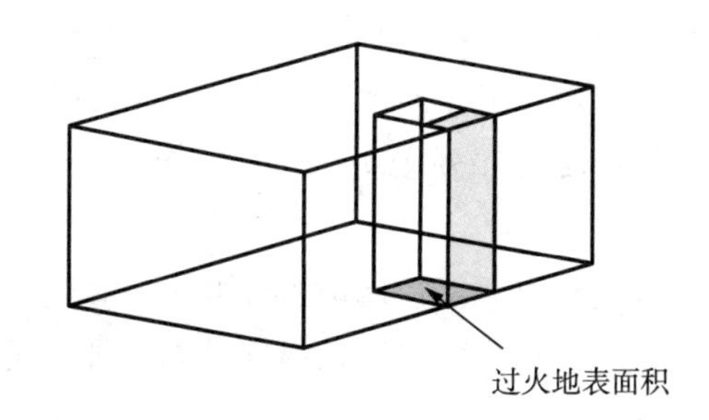

图7-1 典型过火面积的测量方法示意图

本章中采用的火灾统计数据由安徽省消防总队提供的总计51241条火灾记录，为灭火救援情况的真实反映，详细记录了每一起火警接警处置情况及后续处理情况，为灭火救援情况的真实反映。在分析火灾损失与消防时间的相关性时，研究者较常采用的火灾损失指标包括：直接经济损失、过火面积、人员伤亡等，本章采用过火面积表征建筑火灾损失，这是因为过火面积能够更好地表征建筑火灾的差异化特征。

本章的研究范围为过火面积小于 2000m^2、控制时间 160 分钟以内的城市建筑火灾，这是因为对于过火面积，统计发现过火面积小于 2000m^2 的火灾数量占城市总体火灾数量的 99.8%，可以表征城市总体火灾统计规律，而建筑火灾相较其他类型城市火灾如交通工具、露天框架等能更好地反映过火面积特征，在这部分火灾中控制时间 160 分钟以内的火灾占数据总量的 98.9%，能够代表总体火灾数据统计规律。

针对不同起火场所控制时间与过火面积分布规律的研究中将主要针对住宅、商业场所、公共娱乐场所、餐饮场所、宾馆、工厂和仓库开展分析，上述七类场所火灾数据 13895 条，占有效数据总量的 94.1%。

分析方法上，本章将通过幂律关系研究过火面积与控制时间的相关性，并应用对应分析方法分析不同火灾场所和不同城市区域对过火面积的宏观影响。

7.4 过火面积与控制时间的相关性

7.4.1 火灾过火面积与控制时间的相关性

在研究控制时间与过火面积的相关性时，因为每一分钟控制时间下的样本量较少，需要对控制时间进行分段，研究者可根据火灾数据的实际情况对控制时间进行分段，本章按照每 20 分钟划分一个区间，一方面区间过小难以保证数据量，另一方面区间过大则数组过少，且无对实际消防战斗的指导意义。控制时间序列记 $N=1, 2, \cdots, 8=[1, 20], [21, 40], \cdots, [140, 160]$。

首先给出总体控制时间下的过火面积—频率分布，可以看出在线性坐标下，过火面积—频率服从幂律分布，即满足：

$$p(X=x_i)=0.04586x_i^{-0.5055}$$

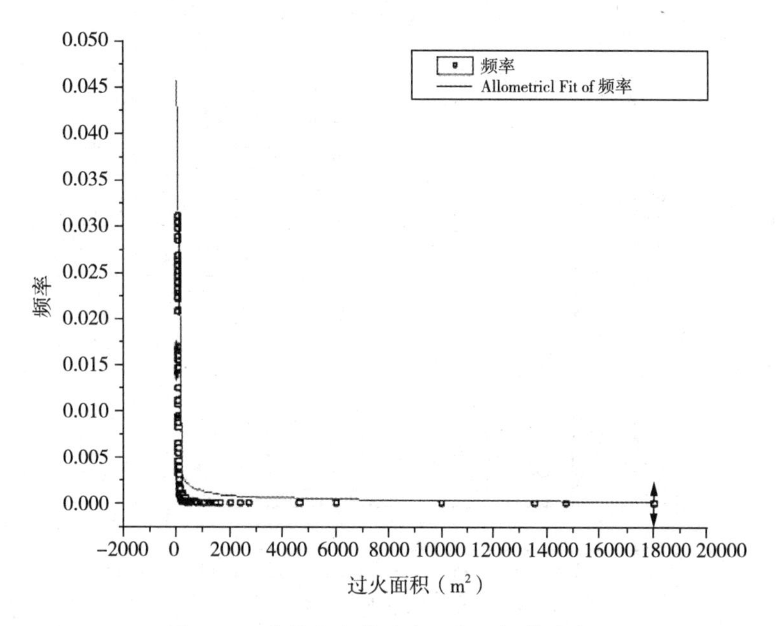

图 7－2　总体火灾的过火面积—频率分布

图 7－3 给出了不同控制时间区间下过火面积—频率的关系曲线，说明在不同控制时间区间下城市火灾过火面积—概率存在幂律分布特征。同时，由图 7－3 可以看出随着控制时间的增长，B 的绝对值在逐渐减小。该值可表征控制效率，即 B 值的绝对值越大，控火能力越强，大火发生概率越小。

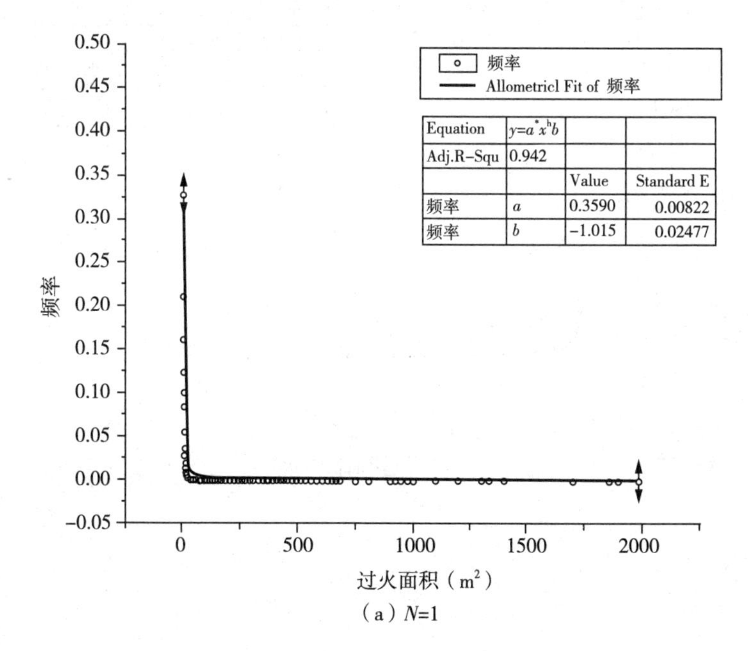

（a）N=1

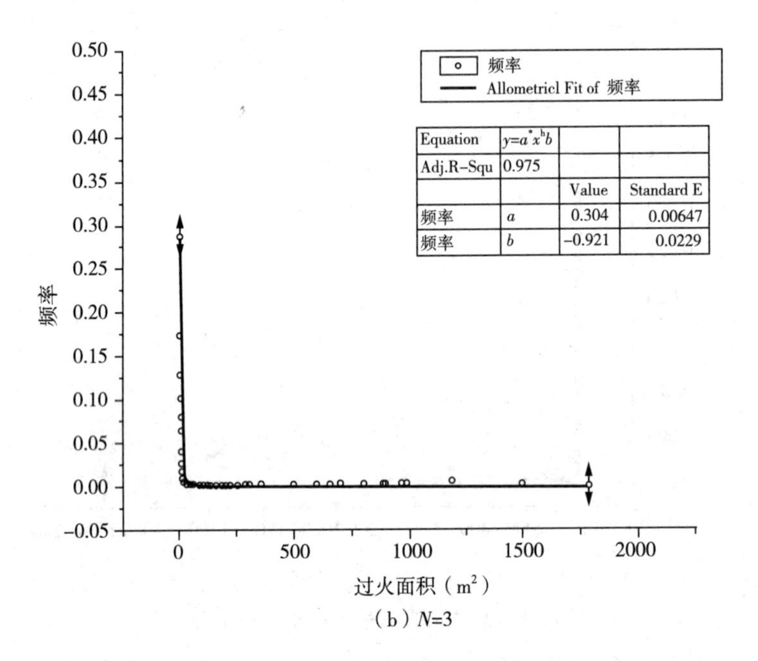
频率
Allometricl Fit of 频率
Equation
y=a*x^b
Adj.R-Squ
0.975
Value
Standard E
频率
a
0.304
0.00647
频率
b
−0.921
0.0229
频率
过火面积（m²）

（b）N=3

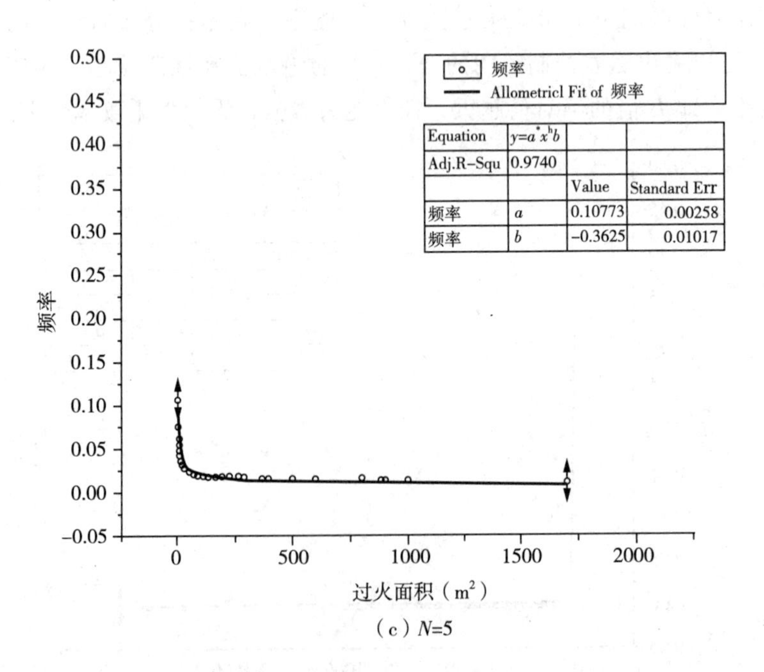
频率
Allometricl Fit of 频率
Equation
y=a*x^b
Adj.R-Squ
0.9740
Value
Standard Err
频率
a
0.10773
0.00258
频率
b
−0.3625
0.01017
频率
过火面积（m²）

（c）N=5

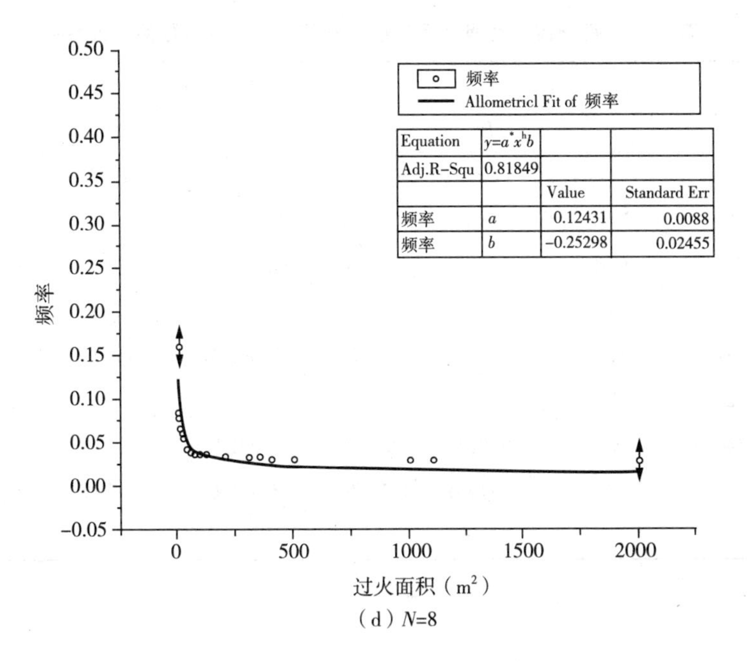

（d）N=8

图 7－3　过火面积—频率分布

在固定的控制区间下，过火面积（X）的概率分布满足幂函数分布，幂函数可定义为：

$$p(X=x_i \mid N)=A(N)\cdot x_i^{B(N)} \tag{7-1}$$

公式中，$p(X=x_i \mid N)$表示控制时间区间为 N 时，过火面积为 X 时的发生概率；X 是过火面积的离散随机变量；x_i 为 X 的可能值，$i=1$，2，3，…，2000；$A(N)$、$B(N)$与控制时间区间相关的系数。

表 7－1 为控制时间 160 分钟以内所有数据集的拟合系数。根据拟合结果，幂函数分布适用范围为控制时间 160 分钟之内，这可能是由于控制时间 160 分钟后数据样本量较小造成的。同时，系数 $A(N)$随控制时间区间满足指数分布，而系数 $B(N)$随控制时间区间呈线性关系，图 7－4 和图 7－5 给出了幂函数系数随控制时间区间的拟合情况。

基于以上分析，控制时间 160 分钟，安徽省 2002—2011 年火灾过火面积 X 满足幂函数：

$$\begin{cases} p(X=x_i \mid N)=A(N)\cdot x_i^{B(N)} \\ A(N)=0.40127\times N^{-0.52576} \\ B(N)=0.11938N-1.13142 \end{cases} \quad (N\leqslant 8) \tag{7-2}$$

表 7-1 每一控制时间区间下过火面积—概率幂函数的拟合系数

控制时间	样本数	平滑数据				
		R^2	A	标准差（A）	B	标准差（B）
1～20	10552	0.942	0.359	0.01052	−1.015	0.02477
21～40	2377	0.932	0.3667	0.00192	−0.82172	0.00935
41～60	628	0.975	0.304	0.00647	−0.921	0.0229
61～80	243	0.97	0.227	0.00589	−0.798	0.02378
81～100	121	0.974	0.1077	0.00258	−0.362	0.01017
101～120	69	0.82	0.095	0.00591	−0.3	0.02496
121～140	62	0.821	0.055	0.00261	−0.19	0.01734
141～160	32	0.81849	0.12431	0.0086	−0.2529	0.02455
Total	14084	—	—	—	—	—

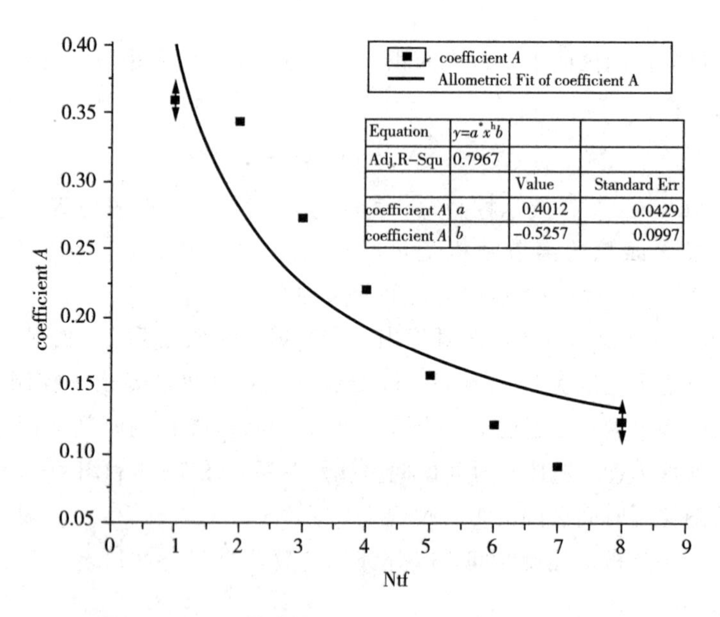

图 7-4 幂函数系数 A 随控制时间区间的拟合曲线

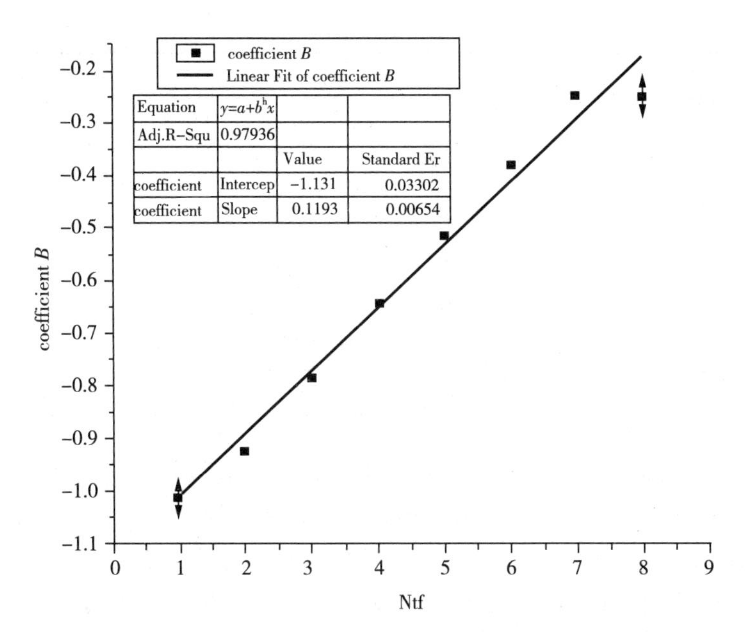

图 7-5　幂函数系数 B 随控制时间区间的拟合曲线

7.4.2　火灾场所对“频率—过火面积”分布的影响

1. 火灾场所—过火面积对应分析

过火面积和火灾场所的列联表见表 7-2 所列，前两维主轴对应的累积惯量为 77%和 100%。依据累计惯量大于 70%有效的原则，说明第一、第二主轴可以表征火灾场所和过火面积的相关性。

对应分析图如图 7-6 所示，可以看出商业场所、公共娱乐场所具有相似的轮廓，距离 41～150 平方米的过火面积更近，厂房距离 151～2000 平方米的过火面积更近。餐饮场所和住宅、宾馆距离 1～40 平方米的过火面积更近，而仓库距离 81～150 平方米的过火面积更近，这说明建筑结构和可燃物性质在一定程度上决定了过火面积的大小。

表 7-2　火灾场所和过火面积列联表

火灾场所	过火面积（m^2）				合计
	1～40	41～80	81～150	151～2000	
住宅	2592	201	69	36	2898
商业场所	416	66	28	25	535

（续表）

火灾场所	过火面积（m^2）				合计
	1～40	41～80	81～150	151～2000	
公共娱乐场所	65	7	3	4	79
餐饮场所	268	8	6	0	282
宾馆	77	5	2	4	88
仓库	104	21	15	27	167
厂房	1160	51	56	103	1370
合计	4682	359	179	199	5419

表 7－3 为火灾场所和过火面积在第一、第二主轴上的惯量分解，可以看出过火面积的质量 1～40m^2最大，据此可以定义主轴含义，由图 7－6 可以看出过火面积由小到大依第一主轴从左至右排列，则可以定义第一主轴表征过火面积，过火面积较小的火灾倾向于第一主轴的右侧，过火面积较大的火灾倾向于第一主轴的左侧。

表 7－3　火灾场所和过火面积在第一、第二主轴上的惯量分解＊

火灾场所	相对贡献度	质量	惯量	第一主轴			第二主轴		
				坐标	相对贡献度	绝对贡献度	坐标	相对贡献度	绝对贡献度
住宅	998	534	191	138	964	239	－26	34	28
商业场所	995	98	127	－132	243	40	－232	752	424
公共娱乐场所	963	14	3	－94	579	3	－77	383	6
餐饮场所	968	52	64	233	763	66	121	205	60
宾馆	526	16	1	－12	24	0	58	502	4
仓库	1000	30	357	－784	956	443	－167	43	68
厂房	1000	252	251	－187	634	207	142	365	405
过火面积（m^2）									
1～40	1000	864	73	62	824	78	28	175	56
41～80	998	66	198	－78	36	9	－400	961	846
81～150	971	33	109	－413	904	132	－112	66	33
151～2000	999	36	614	－953	975	779	147	23	63

注：＊所有计算值乘以 1000 并忽略小数点后的值

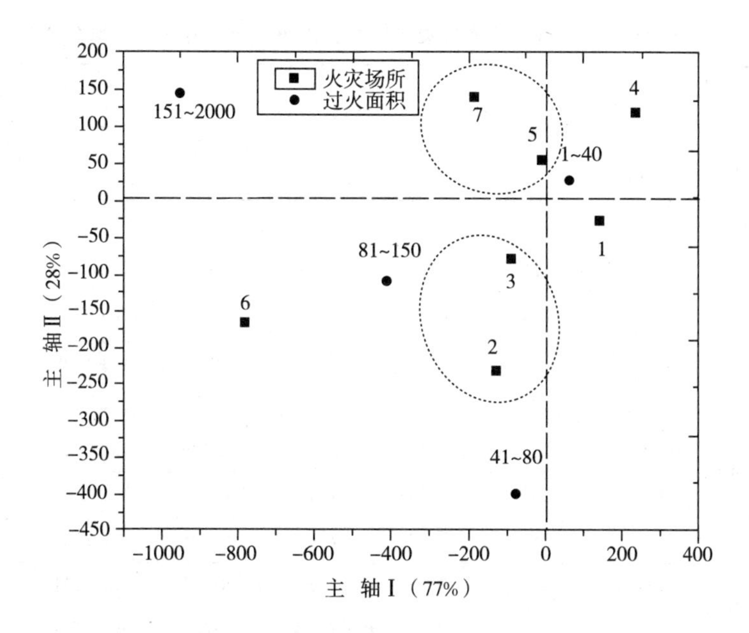

图 7-6　火灾场所和过火面积对应分析图

1—住宅；2—商业场所；3—公共娱乐场所；4—餐饮场所；5—宾馆；6—仓库；7—厂房

2. 不同火灾场所过火面积—频率幂律分布

对不同火灾场所进行 160 分钟控制时间下过火面积—概率幂律分布研究，发现住宅和厂房在控制时间 100 分钟内拟合程度较好，商业场所、餐饮场所、宾馆和仓库在控制时间 40 分钟拟合程度较好，而公共娱乐场所只在控制时间为 20 分钟内的拟合程度较好，这是由于样本数量的缺乏导致无法拟合或者拟合程度不佳。通过拟合发现，各场所在有效的控制时间段内，过火面积—频率均符合幂律分布，各场所拟合参数见表 7-4 所列。

不同控制时间下各场所拟合系数 B 具有良好的线性拟合关系，如图 7-7 所示，可以看出总体趋势上不同控制时间下仓库的 B 值最高，然后是宾馆、厂房、商业场所、餐饮场所，最后是住宅，说明基于控制效率或控火能力排序，仓库最差，然后是宾馆、厂房、商业场所、餐饮场所，最后是住宅。同时，将各场所拟合系数 B 拟合直线的斜率排序，商业场所最高，然后是宾馆、餐饮场所、住宅和仓库，最后是厂房。即随着控制时间的增长，商业场所的控制效率衰减最快，宾馆、餐饮场所、住宅和仓库次之，厂房衰减最慢。

表 7-4 不同控制区间下各火灾场所过火面积—频率幂律分布拟合参数

火灾场所	控制时间(min)	样本数	平滑数据				
			R^2	A	标准差(A)	B	标准差(B)
住宅	1～20	2403	0.9304	0.19679	0.00656	−0.8902	0.02784
	21～40	512	0.88581	0.121	0.0061	−0.63956	0.0297
	41～60	141	0.8039	0.17054	0.01843	−0.71364	0.06178
	61～80	38	0.78252	0.09816	0.0071	−0.26856	0.03013
	81～100	20	0.91914	0.15758	0.00776	−0.21344	0.01864
	101～120	6	0.28383	0.22989	0.02929	−0.09132	0.06436
商业场所	1～20	405	0.97708	0.21277	0.00471	−0.90773	0.02023
	21～40	114	0.73924	0.07169	0.00528	−0.36622	0.02999
公共娱乐场所	1～20	56	0.9315	0.17752	0.00911	−0.54261	0.03516
	21～40	23	0.33538	0.07514	0.00707	−0.0878	0.02971
餐饮场所	1～20	244	0.94615	0.20576	0.00933	−0.74306	0.03696
	21～40	50	0.92898	0.18756	0.01017	−0.4673	0.03495
	41～60	6	0.28324	0.26606	0.04411	−0.09483	0.06246
宾馆	1～20	56	0.86032	0.15766	0.01171	−0.48808	0.04667
	21～40	26	0.87792	0.10734	0.005	−0.19952	0.0197
仓库	1～20	91	0.81922	0.06731	0.00392	−0.3274	0.02378
	21～40	48	0.81313	0.0761	0.00455	−0.2085	0.01964
	41～60	17	0.03975	0.07387	0.00659	−0.02624	0.02178
厂房	1～20	908	0.60188	0.10385	0.01315	−0.47818	0.06005
	21～40	279	0.69255	0.08437	0.00816	−0.40852	0.04082
	41～60	91	0.59769	0.06274	0.00641	−0.19686	0.03262
	61～80	43	0.79859	0.07689	0.00464	−0.17811	0.01845
	81～100	24	0.15203	0.1013	0.01943	−0.0711	0.04408
	101～120	15	0.88243	0.31422	0.0308	−0.17737	0.02513

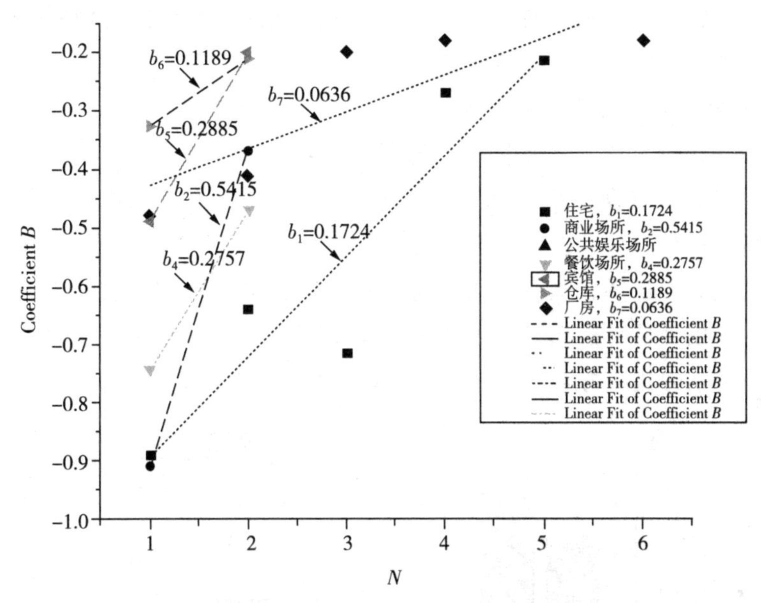

	Intercept		Slope		Statistics
	Value	Error	Value	Error	Adj.R-Square
Coefficient B	−0.77664	--	0.28856	--	--
	−0.4463	--	0.1189	--	--
	−0.49158	0.08323	0.06368	0.02291	0.62715
	−1.06244	0.12916	0.17245	0.03894	0.82308
	−1.44924	--	0.54151	--	--
	--	--	--	--	--
	−1.01882	--	0.27576	--	--

图 7－7　不同火灾场所“频率—过火面积”幂函数系数 B 的回归曲线

过火面积—概率幂律分布中系数 B 可以用来表示控制效率，而仓库的控制效率最差，然后是宾馆、厂房、商业场所、餐饮场所，最后是住宅。控制效率的影响因素很多，对仓库而言，其中含有比如油品等易燃物或者电气设备，火灾荷载很大，且一般而言仓库建筑的防火分区较大，短时间内形成大面积火灾的可能性高，这些都是影响控制效率的因素，从而导致消防部队对于火场的控制效率较差。对于住宅，一方面其火灾主要发生在卧室或厨房，火灾荷载较大；另一方面，在中国，住宅内没有自动灭火设施和排烟设施，火灾发展蔓延迅速甚至可能形成轰燃，从而影响控制效率。对于宾馆，由于建筑内有大量织物、木头等易燃材料，容易造成火灾规模的迅速扩大，从而导致控制效率较低。商业场所和餐饮场所属于公共建筑，火灾荷载密度与住宅相当，火灾发现时间一般比较及时，且此类场所内均设有自动灭火设施，火灾初期能够一定程度上控制火势的发展。

3. 不同火灾场所的大火分析

2002—2011 年安徽省不同火灾场所过火面积大于 500m² 火灾发生率如图 7－8 所示，商业场所的大火发生率最高，达到 7.986%，其次为住宅、仓库、餐饮场所、厂房、公共娱乐场所，最后是宾馆，仅为 1.124%。宾馆、公共娱乐场所的大火发生率较低，是因为这些场所配套的消防装置较为完善，人员对于这些易发生群死群伤场所的火灾安全警惕性较高，平时对于火灾扑救的人员疏散的演习也较好，故这些场所的大火发生率较低。

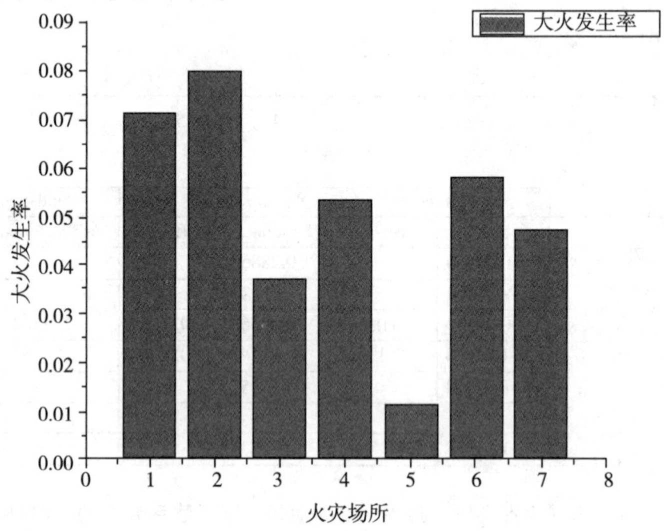

图 7－8　不同场所过火面积大于 500m² 火灾发生概率分布统计

1—住宅；2—商业场所；3—公共娱乐场所；4—餐饮场所；5—宾馆；6—仓库；7—厂房

7.4.3　城市区域对“频率—过火面积”分布的影响

1. 城市区域—过火面积对应分析

各城市区域内火灾过火面积分布见列联表 7－5 所列，可以看出城市市区和县城城区的火灾多集中于过火面积 1～40m² 的火灾，城市区域和过火面积的对应分析图（图 7－9）同样反映了其轮廓与过火面积 1～40m² 相似，而郊区农村火灾倾向于 151～2000m² 的火灾，集镇镇区则倾向于过火面积 41～150m² 的火灾。

表 7－5　城市区域和过火面积列联表

城市区域	过火面积（m^2）				合计
	1～40	41～80	81～150	151～2000	
城市市区	4135	100	71	82	4388
县城城区	2366	124	51	198	2739
集镇镇区	967	117	90	95	1269
郊区农村	2193	275	146	261	2875
合计	9661	616	358	636	11271

表 7－6　城市区域和过火面积在第一、第二主轴上的惯量分解 *

城市区域	相对贡献度	质量	惯量	主轴Ⅰ			主轴Ⅱ		
				坐标	相对贡献度	绝对贡献度	坐标	相对贡献度	绝对贡献度
城市市区	999	389	423	241	975	453	－37	23	119
县城城区	983	243	50	24	52	2	103	930	562
集镇镇区	990	112	183	－277	847	172	－113	142	313
郊区农村	995	255	338	－270	994	371	9	1	4
过火面积（m^2）									
1～40	1000	857	129	91	998	142	－1	0	0
41～80	992	54	331	－576	987	361	－41	5	20
81～150	994	31	228	－573	825	207	－258	168	458
151～2000	998	56	306	－506	855	288	207	143	521

注：* 所有计算值放大 1000 倍，同时小数点后的数字被忽略。

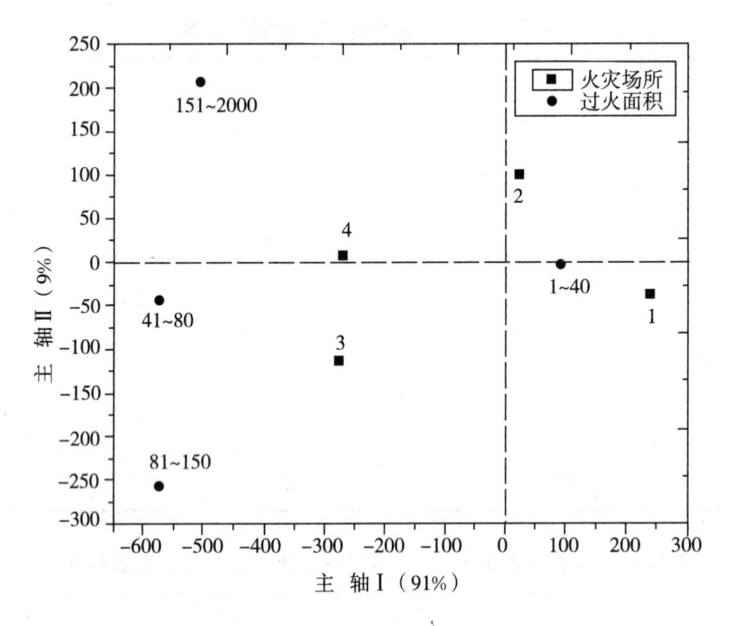

图 7-9　不同城市区域过火面积对应分析图

1—城市市区；2—县城城区；3—集镇镇区；4—郊区农村

2. 不同城市区域“频率—过火面积”幂律分布

根据上述城市区域与过火面积的对应分析可以看出不同城市区域火灾的过火面积存在差异，对不同城市区域进行 160 分钟控制时间下过火面积—概率幂律分布研究，城市市区、县城城区和郊区农村、集镇区域火灾频率—过火面积均满足幂律分布，其中城市市区火灾频率—过火面积试用范围为控制时间 120 分钟，县城城区火灾频率—过火面积试用范围为控制时间 140 分钟，郊区农村火灾频率—过火面积试用范围为控制时间 60 分钟，集镇区域火灾频率一过火面积适用范围为 40 分钟。各区域不同控制区间下频率—过火面积分布如图 7-10～图 7-12 所示，随着控制时间的增长，拟合直线的斜率逐渐变得平缓。各场所拟合参数见表 7-7 所列。

表 7－7　不同控制时间区间下各城市区域过火面积—频率幂律分布拟合参数

火灾场所	控制时间（min）	样本数	平滑数据				
			R^2	A	标准差（A）	B	标准差（B）
城市市区	1～20	3502	0.9563	0.35892	0.00974	－1.13297	0.03542
	21～40	764	0.94273	0.23508	0.00836	－0.90322	0.03417
	41～60	201	0.96817	0.20467	0.00624	－0.78818	0.02657
	61～80	78	0.95248	0.21279	0.00875	－0.6385	0.03304
	81～100	26	0.55099	0.1089	0.0115	－0.17699	0.03987
	101～120	21	0.64977	0.13127	0.01402	－0.24869	0.05089
	121～140	19	0.27123	0.10975	0.01909	－0.13754	0.06412
县城城区	1～20	2252	0.85153	0.17323	0.00908	－0.82054	0.03946
	21～40	367	0.77571	0.09987	0.00726	－0.55731	0.03927
	41～60	75	0.70523	0.09607	0.00921	－0.26302	0.03534
	61～80	36	0.55956	0.06617	0.00456	－0.11374	0.0221
	81～100	20	0.50908	0.16384	0.02719	－0.26263	0.06201
	101～120	10	—	—	—	—	—
	121～140	8	0.91374	0.43355	0.04001	－0.22104	0.02863
集镇镇区	1～20	854	0.89425	0.1196	0.00513	－0.68981	0.0255
	21～40	293	0.90593	0.06767	0.00277	－0.41015	0.0166
	41～60	65	0.18541	0.03196	0.00243	－0.05554	0.01877
	61～80	31	0.29597	0.05836	0.007	－0.09151	0.02797
	81～100	22	0.11507	0.06112	0.00446	－0.03305	0.01856
郊区农村	1～20	2152	0.8163	0.09347	0.00442	－0.63899	0.02437
	21～40	553	0.82316	0.07041	0.00396	－0.4889	0.0248
	41～60	156	0.85252	0.06844	0.00339	－0.38806	0.01987
	61～80	62	0.40147	0.04808	0.00485	－0.11354	0.02709
	81～100	29	0.39657	0.06812	0.00644	－0.10087	0.02711
	101～120	14	0.24447	0.1371	0.03	－0.08981	0.0455
	121～140	13	0.91858	0.14773	0.00468	－0.08358	0.00954
	141～160	10	0.80839	0.17933	0.01183	－0.12668	0.01983

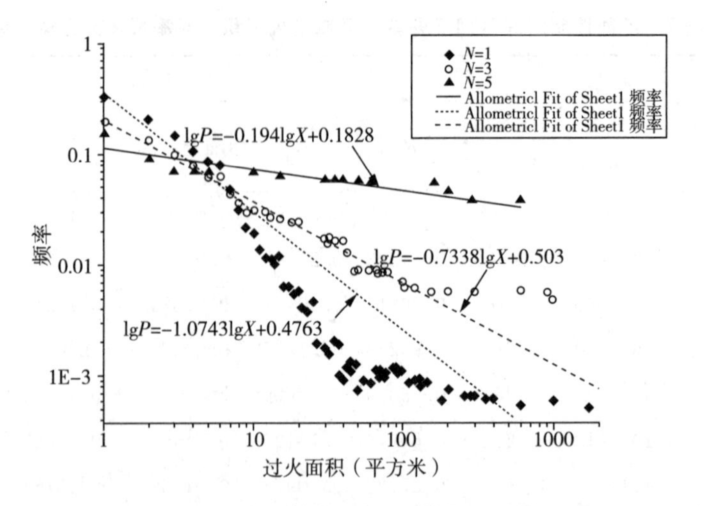

图 7-10 不同控制时间下城市市区频率—过火面积分布

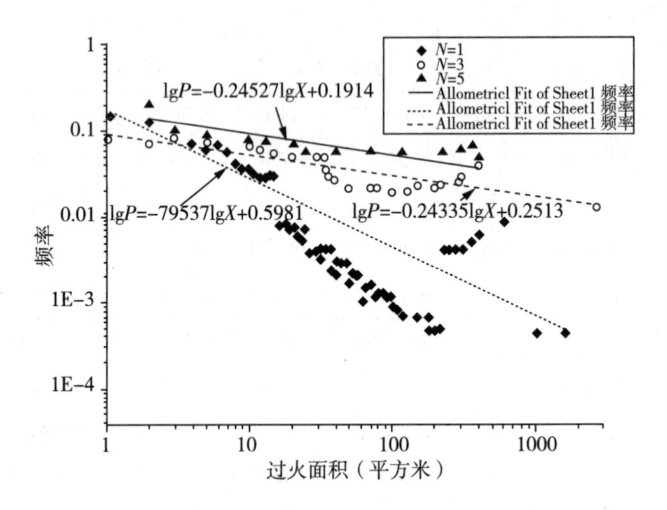

图 7-11 不同控制时间下县城城区频率—过火面积分布

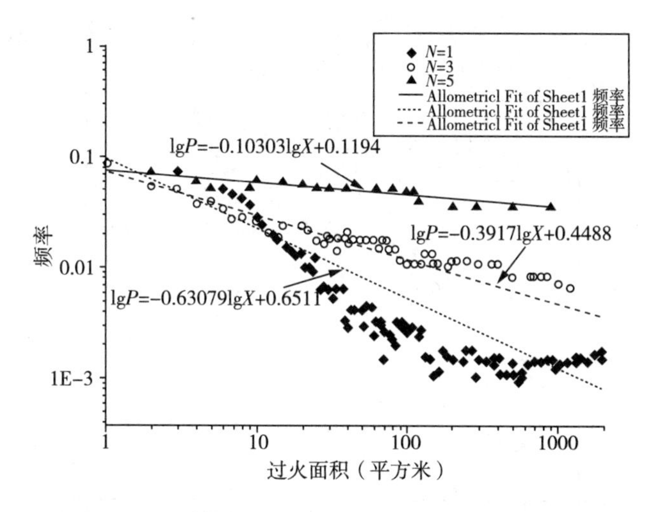

图 7 - 12　不同控制时间下郊区农村频率—过火面积分布

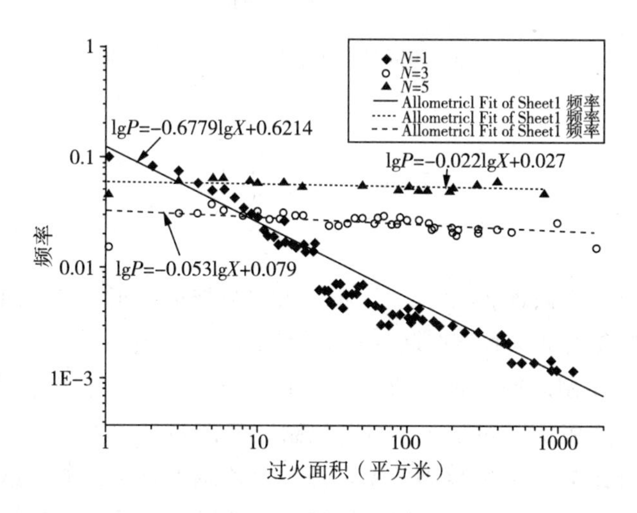

图 7 - 13　不同控制时间下集镇镇区频率—过火面积分布

由上述节分析可知，拟合系数 B 可表征控火能力，分析城市市区、县城城区、集镇地区和郊区农村的控火能力差异，如图 7 - 14 所示，拟合系数 B 的值最高的为集镇区域，其次为农村、县城，最低的为城市区域。拟合系数 B 的斜率城市区域最高，农村区域次之，最后是县城和集镇区域。即随着控制时间的增长，城市区域的控火能力衰减最快，然后是农村和县城，集镇区域衰减最慢。

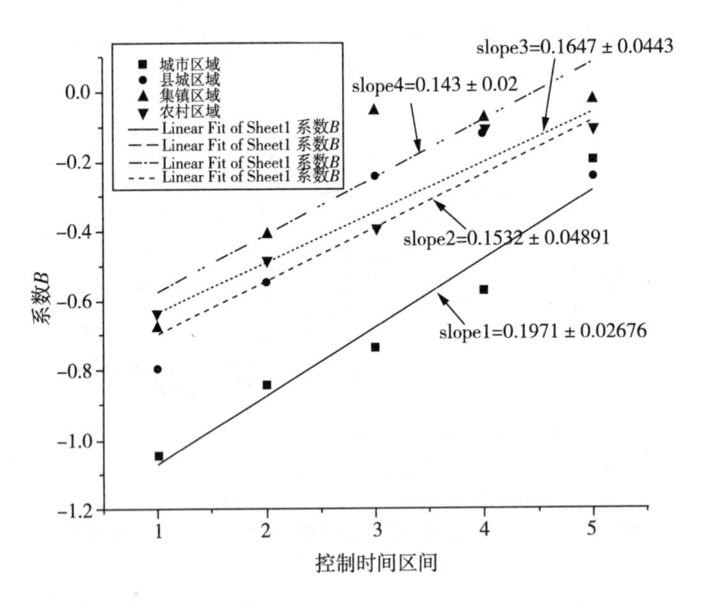

图 7-14 不同城市区域拟合系数 B 的差异

7.5 本章小结

本章通过对安徽省 2002—2011 年的火灾数据进行了研究，对于“频率—过火面积”幂律分布与控制时间的相关性得到以下结论：

（1）总体控制时间下的过火面积—频率分布，可以看出在线性坐标下，过火面积—频率服从幂律分布。不同控制时间区间下过火面积—频率的关系曲线中的拟合系数 B 表征控制效率，即绝对值越大，控火能力越强，大火发生概率越小。同时系数 A 随控制时间区间满足指数分布，而系数 B 随控制时间区间呈线性关系。

（2）对于不同火灾场所对“频率—过火面积”分布的影响，通过火灾场所和过火面积的对应分析可知商业场所、公共娱乐场所距离 41～150m^2 的过火面积更近，厂房和宾馆距离 151～2000m^2 的过火面积更近，餐饮场所的和住宅距离 1～40m^2 的过火面积更近，而仓库距离 81～150m^2 的过火面积更近。通过对不同火灾场所的过火面积—频率幂律分布进行研究，可以看出总体趋势上不同控制时间区间下仓库的 B 值最高，说明其控火能力最差。将各场所拟合系数 B 拟合直线的斜率排序，商业场所最高，即随着控制时间的增长，商业场所的控制效率衰减最快。同时对不同火灾场所的大火发生率进行研究，发现商业场所的大火发生率最高，宾馆最低。

(3) 通过研究城市区域对频率—过火面积分布的影响，对应分析可以看出城市市区和县城城区的火灾多集中于过火面积 $1\sim40m^2$ 的火灾，郊区农村倾向于 $151\sim2000m^2$ 的火灾，集镇镇区则倾向于过火面积 $41\sim150m^2$ 的火灾。

通过研究不同城市区域的频率—过火面积幂律分布，拟合系数 B 的值最高的为集镇区域，其次为农村、县城，最低的为城市区域。拟合系数 B 的斜率城市区域最高，农村区域次之，最后是县城和集镇区域。即随着控制时间的增长，城市区域的控火能力衰减最快，然后是农村和县城，集镇区域衰减最慢。

第8章　城市火灾应急救援调度决策模型

本章符号表

符号	说明
F	火灾
FE_i	救援火灾 F_i 的消防车
T_A	火灾报警时间
T^a	消防车 FE_i 到达火灾地点 F_i 的时间
T^s	火灾抑制时间
T^e	消防救援结束时间
FS	消防站
EFE_i	救援火灾 F_i 的过剩消防车辆数量
β	过剩系数
d	并发火灾的消防车需求量
s	救援点可提供消防车数量
S	出救点集合
U	并发火灾的决策空间
x_{ij}	救援点参与火灾 F_j 救援的消防车数量
A	过火面积
A_0	初始过火面积
μ	火灾重要度
α_j	火灾增长速率（m^2/min）
c_j	救援效力因子

8.1 引　言

火灾是不可避免的，但并非是不可控制的，针对频发的火灾形势，消防管理者需要对火灾进行全过程管理和决策，对于突发事件，事中控制对灾害后果的影响尤为明显，就城市建筑火灾应急决策而言，表现为火灾发生后采取何种应急救援决策方案能够达到最快控制火灾后果的目的。

关于城市建筑火灾的应急救援决策，存在若干种火情形势，主要有：单火源点，单消防站出动应急救援；单火源点，多消防站出动应急救援；多火源点，多消防站出动应急救援。

学者们在消防救援和应急资源调度等方面做了大量的研究工作，在消防救援领域，Helly W、陈池以平均消防行车距离最小为消防站选址原则对消防站整体布局及责任区划分问题作了系统阐述。Han Xin 等通过分析上海1992—1997年的火灾数据，对我国城市火灾救援调度过程进行了分析，并基于非自主有色 Petri 网方法建立了城市火灾扑救与调度指挥模型。Stefan Svensson 通过20组三房间灭火实验，研究了火灾救援中的典型现象，发现在救援中的某一时刻可明显抑制火灾。Fiorucci、姜丽珍对森林火灾的应急资源优化配置问题进行了研究。

应急资源调配层面，Gupta 和 Shetty 研究了多事故点条件下的资源配置问题。Fiedrich et al. 建立了动态资源调度规划模型。周晓猛、王波等对不同应急阶段的资源需求进行了配置研究。序贯决策方法能够很好地解决随机性或不确定性动态系统最优化的决策问题，杨继君等将序贯决策方法引入到非常规突发事件的应对方案决策研究中，建立了应急决策者与突发事件之间的序贯博弈过程，解决了突发事件随时间变化的资源配置问题。王德勇通过对消防时间的时间关联进行分析，考虑了针对应急车辆的动态特征、火灾发展的动态特征和时序特征，建立了针对建筑火灾应急救援的动态序贯决策模型。模型引入火灾重要度（根据战斗时间估算）的概念，并且采取双层两目标规划方法，考虑当前并发火灾损失最小和并发火灾总体损失最小两个目标，但是在进行并发火灾过火面积目标函数的参数的确定时，是将出动时间和战斗时间作为考察对象，而在实际的并发火灾救援过程中，控制时间 T^s 的大小表征对于火灾规模控制的效率的高低，比战斗时间更能体现灭火的有效性，它的大小也会影响到火灾损失的扩大。因此，在王德勇的论文中，仅仅利用出动时间去对应急救援进行决策，而未考虑控制时间的大小，可能会导致决策的不科学性甚至是失误。

综合以往学者的研究成果，可知在火灾救援方面已开展了大量细致的工作，但是对于并发火灾应急决策的确定研究中，出现了一些显而易见的问题，比如未将控制时间对决策变量的影响考虑进去，在对过火面积分析过程中，缺少了控制时间，可能会造成决策的失误。同时，对于并发火灾的应急救援，“多火源点，多消防站出动应急救援”是需要考虑到的。

本章将多点火灾定义为并发火灾，并发火灾指城市辖区内一次火灾救援周期内发生新的火灾，较之单独火灾，并发火灾危险性更高，主要体现在：

● 并发火灾具有明显时序特征，火灾随机性地先后依次发生；

● 部分消防救援力量处于不可用（战斗）状态，可能造成并发火灾初期救援力量难以满足新生火灾的救援需要；

● 并发火灾的救援过程时刻处于动态变化之中，包括火灾的发展变化和救援力量可用性的动态变化。

● 如何将有限的救援力量在各个火灾地点及时、合理地分配，将总体并发火灾的损失降到最低，需要发展科学的资源优化配置方法。

本章将结合之前第六、第七章的研究结果，通过对前文中所建立的序贯决策模型和双层两目标规划方法引入控制时间进行修正，从而建立起更科学合理的并发火灾应急救援决策模型。

8.2　火灾应急救援决策机制与情景分析

近年来随着城市及消防信息化进程的加快，我国已普遍采用消防应急指挥平台进行统一接警、统一处警，可实现火警的快速处置与指挥调度，而这种指挥调度只是简单意义上的调度，即应对辖区内单起火灾时向责任区内消防站发出出警指令，有必要梳理并发火灾状态下的应急救援调度机制。分析我国消防应急响应过程的关键节点，消防应急救援过程如图8－1所示。

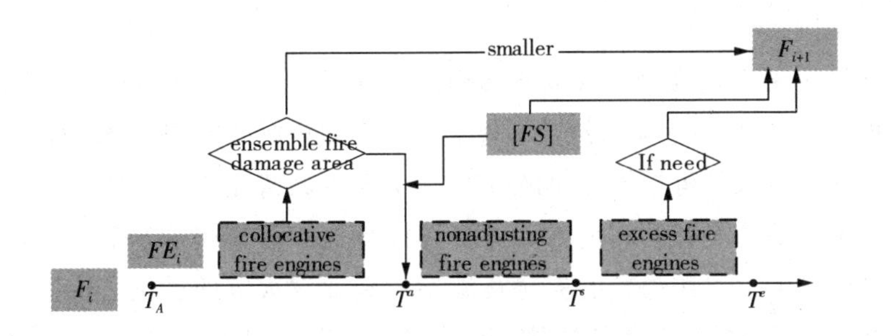

图 8 - 1　消防应急救援调度流程

其中，F_i——当前火灾，F_{i+1}——并发火灾，FE_i——救援火灾 F_i 的消防车，T_A——火灾报警时间，T^a——消防车 FT_i 到达火灾地点 F_i 的时间，T^s——消防部队抑制火灾时间（即控制时间），T^e——消防救援结束时间，FS——消防站，可以是参与火灾 F_i 救援的消防站，也可以是其他责任区的消防站。

根据我国消防法规定，消防部队应在 5 分钟内到达火场，而根据前人研究和本书研究表明出动时间（救援到达时间）和控制时间均呈现对数正态分布特征，是带有一定概率的区间数。当并发火灾在消防救援过程中时，Stefan Svensson 通过 20 组灭火实验研究表明，存在明显抑制火灾的转折时刻（T^s），即出现救援力量过剩的情况。因此当并发火灾在 T^s 之前发生时，需综合研判并发火灾的总体损失以确定是否抽调救援力量增援并发火灾，当并发火灾在 T^s 之后发生时，则可根据需要抽调过剩救援力量增援并发火灾。

根据消防应急救援过程，可根据新生并发火灾的发生时间所处的不同区间对应急救援情景进行分别分析。

(1) $T_{Ai} \leqslant T_{Ai+1} < T_i^a$

此时对于新生的并发火灾(F_{i+1})，可选择的救援点除消防站外还包括途中尚未到达火灾 F_i 的消防车(FE_i)。此时需要考虑火灾 F_i 与 F_{i+1} 的重要度 μ，若 $\mu_i \geqslant \mu_{i+1}$，则 FE_i 继续参与火灾 F_i 的救援；若 $\mu_i < \mu_{i+1}$，则需考虑并发火灾总体损失情况，若调整救援方案可使总体并发火灾损失降低则调整救援方案，否则维持原方案。

(2) $T_i^a \leqslant T_{Ai+1} < T_i^s$

此时可用的应急救援力量为各消防站尚未派出的消防车，正在参与火灾 F_i 应急救援的消防车不可调配。

(3) $T_i^s \leqslant T_{Ai+1} < T_i^e$

当并发火灾 F_{i+1} 在当前火灾 F_i 的规模得到控制，即过火面积不再增大后发生，即存在 T^s 使得消防救援力量过剩，且已知控制时间 T^s 的分布律，实际的消防战斗中指挥员可根据 T^s 的分布律、火灾现场情况和经验判断 T^s 时刻，这时在不考虑消防车补给和消防队员身体疲劳等因素影响的情况下，可认为过剩的消防车辆可以作为新的应急资源参与到并发火灾的救援之中，过剩的消防车辆数量(EFE_i) 由火灾典型时刻的间隔确定，如图 8-2 所示，$EFE_i = \beta_i FE_i$，其中 β_i 为过剩系数，根据火灾整个战斗的不同过程选取不同的值。

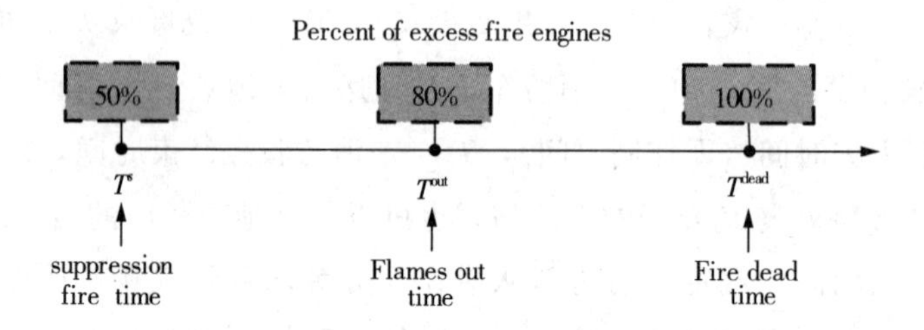

图 8-2　不同时间下消防车辆过剩系数的确定

8.3　并发火灾应急救援决策模型

8.3.1　序贯决策模型

序贯决策由多个按时间顺序互为关联的决策阶段组成，序贯决策问题就是在决策空间中寻找某一决策序列，使得目标函数值最优化。

设 x_t^n 为状态变量，$x(t)=\{x_t^0, x_t^1, \cdots, x_t^n\}$ 为 t 时段可行状态集，u_t^n 为决策变量，$U(t)=\{u_t^0, u_t^1, \cdots, u_t^m\}$ 为 t 时段可行决策变量集，z_t^p 为 t 时段的一个策略，$Z(t)=\{z_t^0, z_t^1, \cdots, z_t^p\}$ 为 t 时段可行策略集，而 $D(l)=\{d_1^l, d_2^l, \cdots, d_t^l, \cdots, d_N^l\}$ 为序贯决策问题的一个可行策略集；X、U、Z 依次为状态空间、决策空间和策略空间，$\hat{U}=\{\hat{u}_1, \hat{u}_2, \cdots, \hat{u}_v\}$ 为可行约束集，f 为状态转移函数，F 为目标函数，假设问题是使目标函数最小化，则序贯决策问题可描述为：

$$\min F(t)=F(t, x_t^n, u_t^m, z_t^p) \quad t=1, 2, \cdots, N \tag{8-1}$$

$$x_{t+1}^{n}=f(t,\ x_{t}^{n},\ u_{t}^{m},\ z_{t}^{p}) \qquad (8-2)$$

其中，式8-2说明下一阶段的状态由当前的变量决定。

8.3.2　模型介绍

一、基本假设

(1) 消防应急指挥系统完备，可确定火灾现场所需消防车数量及消防站可用消防车数量，并可估计调派的消防车辆到达并发火灾现场的时间。

(2) 消防应急救援力量以消防车为单位，不考虑人员配置及个体消防队员作战能力差异等因素的影响。

(3) 群众不参与灭火战斗或参与灭火战斗的效率为零。

对假设(1)，随着消防部队消防应急指挥系统的不断完善，消防站可用消防车数量是可以获取的，尽管目前尚不能完全掌握火灾现场的全部信息，但辅以指挥专家的灭火经验，可以判断火灾所需的消防车数量。同时，消防救援力量的到达时间是可以估计的。

对假设(2)，实际的灭火救援力量调度均以消防车辆作为调度单位，而城市建筑火灾的救援车辆类型一般包括灭火消防车、专勤消防车、举高消防车和后勤消防车等。尽管并非所有的消防车都参与灭火战斗，但本章考虑的是与灭火战斗直接发生关系的灭火消防车，其他保障性车辆和人员救助车辆不在考虑范围内。因此不考虑消防车总类及人员配置等因素的对灭火救援的影响是可行的。

对假设(3)，本章涉及多消防站参与应急情况下的调度问题，显然小的火灾只需要责任区内消防站处置即可，而对于大的火灾，一般而言居民参与灭火的效果较差，因此可以假设居民不参与灭火救援。

模型的基本假设将火灾救援力量的需求类型简化为一种消防车，将灭火救援问题转化为资源调度决策问题。

二、模型的决策变量

记 FS_1，FS_2，…，FS_n 为 n 个消防站出救点，$F_1(t_1)$，$F_2(t_2)$，…，$F_m(t_m)$ 为 m 起并发火灾，t_1，t_2，…，t_m 为并发火灾发生时间，$d_1(t_1)$，$d_2(t_2)$，…，$d_m(t_m)$ 为各并发火灾的消防车需求量，$S_1(t_1)$，$S_2(t_2)$，…，$S_m(t_m)$ 为对应消防站可提供消防车数量，$t_{ij}^{a}(i=1,\ 2,\ \cdots,\ n;\ j=1,\ 2,\ \cdots,\ m)$ 为第 i 个消防站到第 j 起并发火灾的出动时间。t_1^{s}，t_2^{s}，…，t_m^{s} 为并发火灾控制时间。

同时根据对火灾应急救援决策机制与情景的分析，出救点还应该同时包括途中消防车辆以及过剩消防车辆，分别记 AFE_i 和 EFE_i，调往第 j 起并发火灾的消防车数量记 $AFE_i(0 \leqslant A \leqslant 1)$ 和 $BEFE_i(0 \leqslant B \leqslant 1)$，其到达第 j 起并发火灾的时间记 t^a_{FEij} 和 $t^a_{EFEij}(i \leqslant j)$。

则对 $j+1$ 起并发火灾，其可调用消防车辆的出救点和对应出动时间向量可表示为：

(1) 出救点集合 $S_{j+1} = \left\{ \sum_{i=1}^{n} FS_i,\ \sum_{i=1}^{k} FE_i,\ \sum_{i=1}^{l} EFE_i \right\}$。根据新增并发火灾的发生时刻确定除消防站的消防车外，已经派出的消防车是否可用。

(2) 各可用救援点到达火灾现场的时间矩阵 T_{i+1}。

$$T_{i+1} = \begin{bmatrix} T^a_{FS} \\ T^a_{FS_{mi+1}} \\ T^a_{FE} \\ T^a_{FE_{ki+1}} \\ T^a_{EFE} \\ T^a_{EFE_{li+1}} \end{bmatrix}$$

根据出救点集合及消防车供给量和并发火灾消防车需求量可给出并发火灾的决策空间 U，其中 X_{ij} 为对应救援点参与应急的消防车数量。

$$U = \begin{bmatrix} u_1 \\ u_2 \\ \vdots \\ u_p \end{bmatrix} = \begin{bmatrix} x_{11} & x_{12} & \cdots & x_{1n+k+l} \\ x_{21} & x_{22} & \cdots & x_{2n+k+l} \\ & & \vdots & \\ x_{p1} & x_{p2} & \cdots & x_{3n+k+l} \end{bmatrix} \quad (8-3)$$

三、目标函数

在进行消防救援调度决策时，首先调派距其最近(出动时间最小)的消防救援力量，当救援力量不足时再从邻近消防站调配消防车辆。王德勇应用序贯决策思想，首次建立并发火灾过火面积最小(局部优化)和总体过火面积最小(全局优化)的双目标模型。本节将对其模型进行修正，记各并发火灾的过火面积分别为 $A_1(t^a_1,\ t^s_1)$，$A_2(t^a_2,\ t^s_2)$，…，$A_m(t^a_m,\ t^s_m)$，过火面积是出动时间和控制时间的函数，通过前人研究和本书研究发现，过火面积受出动时间及控制时间的影响，大火发生概率与出动时间及控制时间负相关，且城市区域、火灾场所对过火面积也有显著影响，同样利用引入火灾重要度的概念，即过火面积较大的火灾具有一定的优先级，当应急策略发生冲突时决策者可优先调配过火面积大的火灾。目标函数如下：

$$\begin{cases} \min A_j \\ \min \sum_{j=1}^{m} \mu_j A_j \end{cases}$$

$$s.t.: \begin{cases} \sum_{i=1}^{n+k+l} x_{ij} \geqslant d_j (4.6) \\ x_{ij} \leqslant s_i \end{cases} \qquad (8-4)$$

其中，μ_j 为第 j 起并发火灾的重要度，同时，应保证各救援点向火灾 F_j 提供的总体消防车数量大于等于其需求量，x_{ij} 为第 i 个救援点向火灾 F_j 提供的消防车数量，d_j 为火灾 F_j 需要的消防车数量；同时调度的消防车辆 x_{ij} 应不大于其拥有的消防车数量。目标函数式 8 - 4 为保证当前并发火灾过火面积最小，目标函数式 8 - 5 保证全局并发火灾的过火面积最小。

8.3.2.4　目标函数解析

本节的目标函数为使过火面积最小，为达到这个目的，从消防救援的角度看有两个层面，一是最快到达火灾现场，体现的是出动时间，二是将火灾规模控制在不发展的程度从而使火灾损失（如过火面积）不再扩大，体现的是控制时间。但是二者其中哪个在并发火灾的应急决策过程中能够对过火面积代表的火灾损失起到更大的控制作用，本节将分别进行分析并作出对比，从而更好地修正序贯决策模型。

根据文献可知过火面积：

$$A_i = A_{0j} + \alpha_j T_j^{a+} (1 - c_j)\alpha_j (T_j^{a\prime} - T_j^{a}) \qquad (8-5)$$

其中，A_{0j}—— 第 j 起火灾的初始过火面积（m^2），α_j—— 火灾增长速率（m^2/min），因火灾救援过程中不同出救点的救援力量可能分批到场，本节引入救援效力因子 c_j，并简单假设当消防救援力量至少达到 50% 时，救援效力因子与救援力量简单线性相关，如式 8 - 9 所示。T_i^a，$T_i^{a\prime}$ 为救援力量的出动时间（min）。

$$c_j = \begin{cases} 0 & \frac{FE_j}{d_j} < 50\% \\ \frac{FE_j}{d_j} & \frac{FE_j}{d_j} \geqslant 50\% \end{cases} \qquad (8-6)$$

而对于一起火灾，其初始过火面积、火灾增长因子为定值，因此为保证过火面积最小，首批到场消防力量应尽量满足火灾的消防需求量。故目标函数可转化为：

$$\begin{cases} \min \sum_{i=1}^{n} t_{ij}^{a} \\ \min \sum_{j=1}^{m} \sum_{i=1}^{n+k+l} \mu_j t_{ij}^{a} \end{cases} \tag{8-7}$$

或者

$$\begin{cases} \min \sum_{i=1}^{n} t_{ij}^{s} \\ \min \sum_{j=1}^{m} \sum_{i=1}^{n+k+l} \mu_j t_{ij}^{s} \end{cases} \tag{8-8}$$

对于出动时间和控制时间，前人和本书研究表明两者均满足对数正态分布，在决策过程中和 t_j^s 应考虑为区间数，且出动时间主要受不同城市区域的影响，控制时间受火灾场所、城市区域以及出动时间共同作用，出动时间决定了初始阶段过火面积的增长，控制时间决定了消防救援力量到达火灾现场后的过火面积增长情况，两者的期望均值汇总见表8－1和表8－2所列，决策者根据并发火灾的区域位置以及场所类型可估计出动时间及控制时间，从而作为判断是否调整行进中消防车辆和正在参与战斗车辆的状态的标准。

表8－1 城市区域对平均出动时间和控制时间的影响

城市区域	出动时间期望（分钟）	控制时间期望（分钟）
市区	5.07514	12.31803
县城	5.56257	10.19616
集镇	8.3589	14.82853
郊区	10.0225	13.0537

表 8－2　火灾场所对平均出动时间和控制时间的影响

火灾场所	出动时间期望	控制时间期望
住宅（市区）	5.13021	12.34032
住宅（郊区）	6.41753	11.96733
商业场所	5.66893	10.03901
餐饮场所	4.85698	9.80578
厂房	7.71032	12.19849
仓库	9.68916	19.50686

并发火灾的重要度 μ_j 可根据火灾所在的城市区域、火灾场所以及初始过火面积等因素确定，它含有较多的主观因素，同时也依靠实际情况的判断。对应分析结果表明火灾场所中餐饮场所和住宅、宾馆倾向于过火面积小的火灾，而厂房和仓库倾向于过火面积大的火灾。另一方面，P. G. Holborn et al. 的研究表明不同火灾场所的火灾增长速率不同，综合以上因素可给出火灾重要度的选择准则，见表 8－3 所列。

表 8－3　不同场所的火灾重要度

火灾场所	μ_j		
	$0 \leqslant A_0 \leqslant 10$	$10 < A_0 < 40$	$A_0 \geqslant 40$
仓库、厂房	1.0	3.0	5.0
医院和公共建筑（商业、餐饮、公共娱乐）	1.0	2.0	3.0
学校、零售店	0.8	1.5	2.0
住宅、宾馆	0.5	1.0	1.5

8.4　实证分析

8.4.1　并发火灾概况

以合肥市 2010 年 2 月 13 日 17：55 至 19：45 的 5 起并发火灾为例，火灾信息见表 8－4 所列，总过火面积为 165m²，其中的 A_0 为接警时的初始过火面积，A 为过火面积不再增大时的最终过火面积，亦即 T^s 时刻对应的过火面积。

参与消防战斗的消防站点分别为庐阳区消防大队、瑶海区消防大队以及瑶海区史城社区消防队。图 8-3 为火灾地点及消防站相对位置。图 8-4 为消防队处置并发火灾的实际决策图，各消防站到达各并发火灾位置的静态时间分布见表 8-6 所列。

表 8-4　合肥市 2010.2.13　17：55～19：45 并发火灾信息表

火灾编号	T_A（min）	T^a（min）	T^s（min）	T^e（min）	A_0（m^2）	A（m^2）	建筑类型
F_1	17：55	18：00	18：30	18：40	6	13	住宅
F_2	18：28	18：35	18：46	18：50	35	51	商场
F_3	18：35	18：42	18：50	18：56	8	19	住宅
F_4	18：36	18：41	18：55	19：15	21	35	餐饮场所
F_5	18：38	18：48	19：30	19：45	30	50	仓库

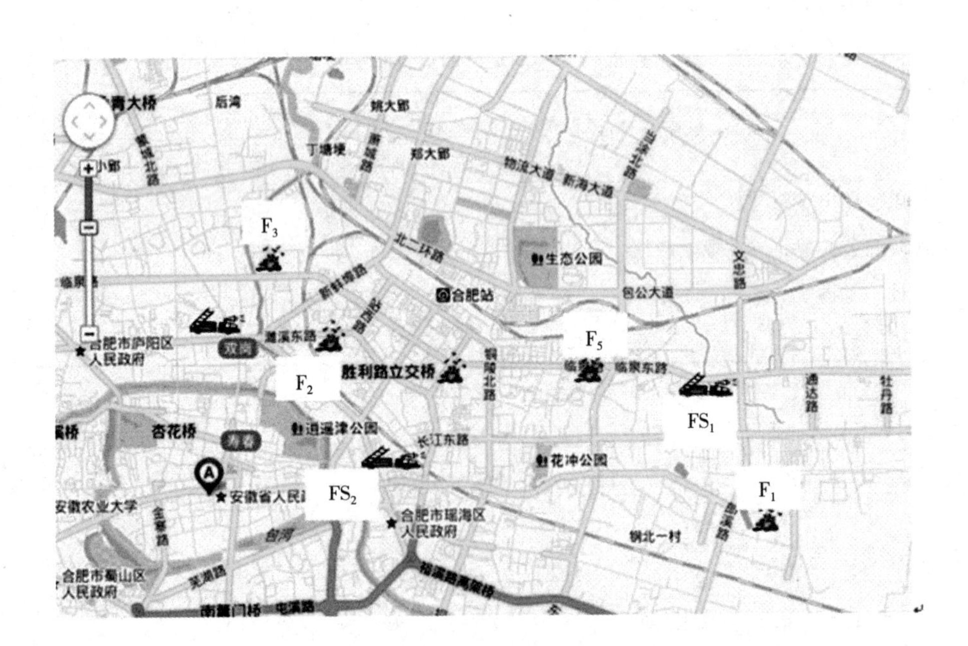

图 8-3　火灾及消防站地理位置

表8-5　并发火灾的增长速率

火灾编号	(m^2/min)
F_1	0.143
F_2	0.889
F_3	0.733
F_4	0.737
F_5	0.385

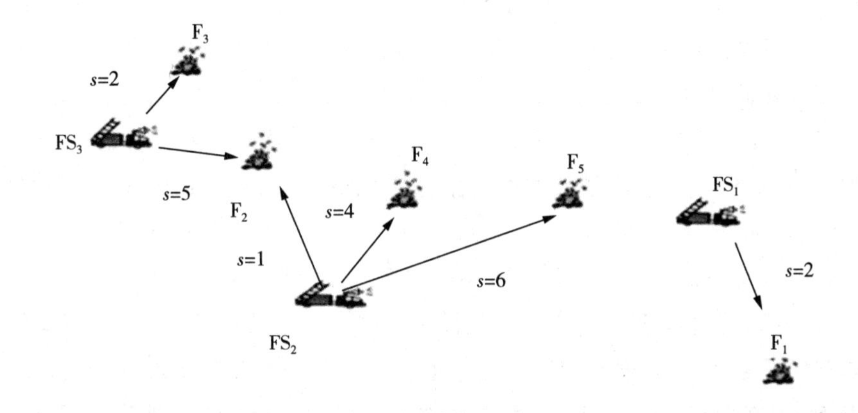

图8-4　并发火灾救援决策图

表8-6　消防站到达各并发火灾位置的静态时间分布

T^a (min)	F_1 ($d=2$)	F_2 ($d=6$)	F_3 ($d=2$)	F_4 ($d=4$)	F_5 ($d=6$)
FS_1 ($s=8$)	5	12	15	8	6
FS_2 ($s=12$)	9	7	8	5	10
FS_3 ($s=9$)	19	7	7	9	13
T^s (min)	F_1 ($d=2$)	F_2 ($d=6$)	F_3 ($d=2$)	F_4 ($d=4$)	F_5 ($d=6$)
FS_1 ($s=8$)	30	10	12	20	28
FS_2 ($s=12$)	13	11	13	14	42
FS_3 ($s=9$)	13	10	8	10	10

8.4.2 修正模型与未修正模型对救援结果的影响和对比

由于不同场所火灾的重要度不同，现假设 F_5 的火灾重要度大于 F_4，首先重塑合肥市 2010 年 2 月 13 日 17：55～19：45 的并发火灾应急决策过程。在实际的应急决策中，17：55 第一起并发火灾 F_1 发生，消防站 FS_1 派遣 2 辆消防车对其进行救援，随后消防站 FS_3 对火灾 F_2、F_3 分别派遣 5 辆和 2 辆消防车进行救援。同时，FS_2 也分别提供 1 辆、4 辆、6 辆消防车对 F_2、F_4、F_5 进行救援。我们能够基于序贯决策模型分析应急救援决策过程，首先考虑未修正模型只考虑出动时间的情况。因为 $T_1{}^a < T_{A_2} < T_1^s$，因此正在参与火灾 F_1 的消防车不可调配到 F_2。同时 $T_{A_3} \leqslant T_{A_4} \leqslant T_3{}^a$，故需要考虑是否将 FE_3 向火灾 F_4 调度。除此之外，$T_{A_4} \leqslant T_{A_5} \leqslant T_4^a$，则可考虑是否将 FE_4 向 F_5 进行调配。且 $T_1^s \leqslant T_{A_3} \leqslant T_{A_4} \leqslant T_{A_5} \leqslant T_1{}^e$，即存在过剩的消防力量，故需要考虑是否要将 EFE_1 向火灾 F_3、F_4、F_5 继续调配。根据实际情况，$T^a_{FE_3 4} = 1\text{min}$（小于 $T^a_{FS_2 4} = 5\text{min}$），而 $T^a_{EFE_1 5} = 8\text{min}$（小于 $T^a_{FS_2 5} = 10\text{min}$）。根据目标函数 5.5，火灾 F_4 的救援方案需优化调整，首先考虑火灾 F_1 的过剩车辆（$EFE_1 = 1$）向火灾 F_5 救援，然后调整消防站 FS_1 中的救援车辆增加到 5 辆到 F_5，FS_2 不需要派遣消防车到 F_5。救援决策图如图 8-5 所示，调整救援决策方案后，过火面积 A_5 从 $50m^2$ 减少到 $49.36m^2$，并且总体过火面积从 $165m^2$ 减少到 $164.36m^2$。

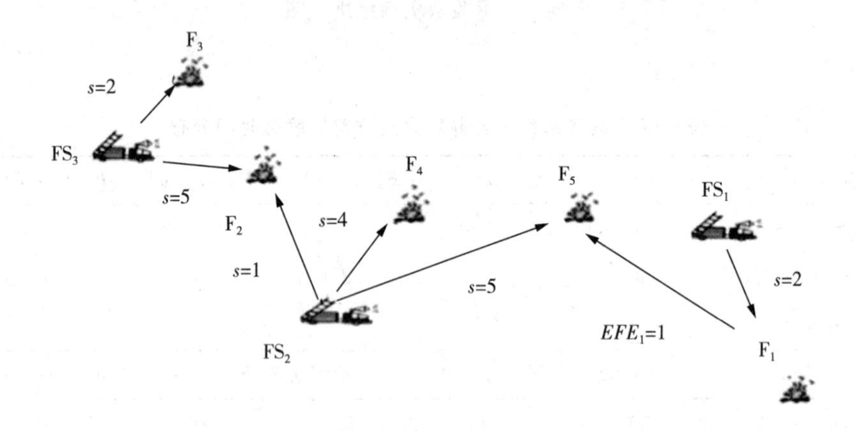

图 8-5 并发火灾同时发生条件下救援决策图（出动时间）

之后考虑以控制时间为决定策略因素的情况。先假设各消防站到达各火灾点的出动时间相同。因为 $T_1{}^a < T_{A_2} < T_1^s$，因此正在参与火灾 F_1 的消防车不可调配到 F_2。同时 $T_{A_3} \leqslant T_{A_4} \leqslant T_3{}^a$，故需要考虑是否将 FE_3 向火灾 F_4 调度。

除此之外，$T_{A_4} \leqslant T_{A_5} \leqslant T_4^a$，则可考虑是否将 FE_4 向 F_5 进行调配。且 $T_1^s \leqslant T_{A_3} \leqslant T_{A_4} \leqslant T_{A_5} \leqslant T_1{}^e$，即存在过剩的消防力量，故需要考虑是否要将 EFE_1 向火灾 F_3、F_4、F_5 继续调配。由于 $T^s_{FE_34}=8\text{min}$（小于 $T^s_{FS_24}=14\text{min}$），$T^s_{FE_45}=14\text{min}$（小于 $T^s_{FS_25}=42\text{min}$），$T^s_{EFE_15}=28\text{min}$（小于 $T^a_{FS_25}=42\text{min}$），综上则可采取以下策略，即将 FE_4 向 F_5 进行调配，FE_5 减少为 $s=2$，同时消防站 FS_2，FS_3 向 F_4 分别调派 2 辆消防车，如图 8－7 所示。

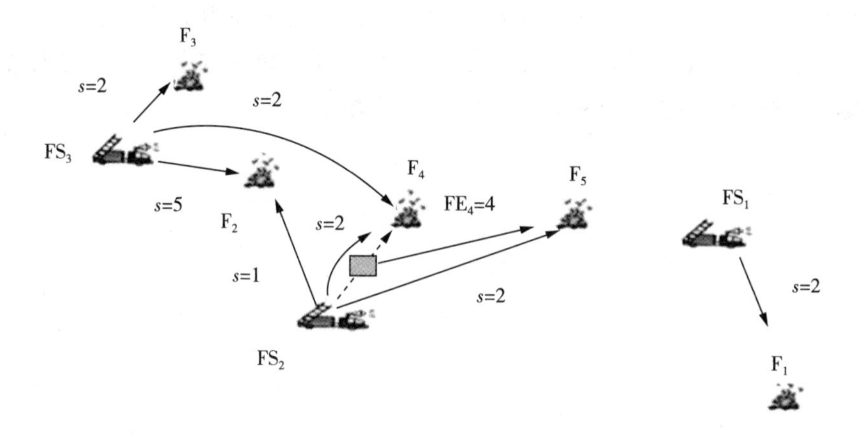

图 8－6　并发火灾同时发生条件下救援决策图（控制时间）

调整救援决策方案后，过火面积 A_5 从 50m^2 减少到 46.4m^2，并且总体过火面积从 165m^2 减少到 159.19m^2。

综上所述，可知在假设所有火灾的重要度相同的情况下，采取以控制时间为决策因素的应急救援，能够比采用出动时间为决策因素的应急救援所采取的决策措施更能减少火灾损失，即有效地减少过火面积。

8.5　本章小结

本章总结火灾数据统计规律，基于序贯决策模型和双层两目标规划模型，并且已知控制时间的规律，分别对以出动时间和控制时间为决策因素的并发火灾应急救援决策进行分析，得到如下结果：

分析了火灾应急救援决策机制，考虑了应急救援车辆的动态特征，在传统的固定救援点模型基础上，修正模型继续引入途中消防车辆和救援过程中过剩消防车辆作为新增救援点的二次调度因素。

修正模型基于消防时间的关联分析，考虑了火灾发展变化对决策结果的影响，为决策者综合考虑并发火灾的总体损失提供了预测参考。

火灾时序特征是并发火灾应急救援必须面对的重要影响因素，本章基于序贯决策的思想，通过双层两目标规划模型，即考虑当前并发火灾损失最小和并发火灾总体损失最小两个目标，实现局部最优和整体最优。

基于合肥市真实并发火灾案例对修正模型进行了检验，结果显示以控制时间为决策因素的并发火灾应急决策模型比以出动时间为决策因素的应急救援所采取的决策措施更能减少火灾损失，即有效地减少过火面积。这表明修正模型能够为决策者提供更好且合理的资源调度方案。

第9章　结论和展望

9.1　主要工作与结论

本书基于火灾出警数据，在空间维度上分析了接警出动时间与灭火战斗时间的内在联系，以及灭火战斗时间与过火面积之间的关联规律；在时间维度上分析了接警出动时间和灭火战斗时间与过火面积的时间依存关系；综合分析了空间和时间两个维度上接警出动时间和战斗时间与过火面积之间的量化规律，并在此基础上发展了建筑火灾应急救援序贯决策模型，同时分析研究灭火控制时间的分布律，并基于合肥市真实并发火灾案例对前人所建立的并发火灾应急救援模型进行了修正。具体工作和结论如下：

(1) 揭示了接警出动时间和战斗时间的空间维度统计规律。不同场所接警出动时间存在差异，这种差异主要是其地理位置造成的，与火灾场所的性质无关。战斗时间受火灾场所和城市区域双重因素的影响，表现在市区和县城火灾的战斗时间显著小于集镇和郊区，厂房和仓库火灾的战斗时间大于其他场所，接警出动时间和战斗时间之间存在一定的相关性，不同出动时间下“战斗时间—频率”满足对数正态分布，随着出动时间的增长，平均战斗时间随之增长，二者呈现正相关特性。

(2) 建立了灭火时间与过火面积之间的定量幂律分布关系。不同战斗时间下，建筑火灾“频率—过火面积”分布满足幂函数，幂函数指数可表征控火能力，指数的绝对值越大则小火发生概率越大，而大火发生概率越小。该值与战斗时间负相关，随战斗时间的增大而减小，即控火能力随战斗时间的增长而降低。不同战斗时间下各场所和城市区域“过火面积—频率”同样满足幂律分布，但相同战斗时间下幂函数指数存在差异。

(3) 揭示了过火面积和灭火时间的时间标度性特征。法诺因子与艾伦因子研究表明，建筑火灾过火面积及灭火时间均存在时间标度性特征，且随着阈值的变大，分形特征逐渐消失，时间序列过渡为泊松分布。

(4) 基于时间序列分析得出平均灭火时间与平均损失的相关性规律。平均出动时间、平均战斗时间与过火面积变化之间存在均衡关系，且均为正稳定关系；平均出动时间和平均战斗时间的突变均会对平均过火面积产生正的影响；相较于平均战斗时间，平均出动时间对平均火灾损失的贡献度更大；同时，不同火灾场所和城市区域灭火时间对过火面积的敏感性存在差异。

(5) 建立了基于灭火时间关联特征的应急救援动态序贯决策模型。基于灭火时间关联分析，考虑了应急救援车辆的动态特征、火灾发展的动态特征及火灾发生的时序特征，建立了针对建筑火灾应急救援的动态序贯决策模型，模型引入火灾重要度的概念解决火灾场所和城市区域对灭火时间和过火面积的影响，采用双层两目标规划方法，考虑当前并发火灾损失最小和并发火灾总体损失最小两个目标，实现了局部最优和整体最优。基于南昌市真实并发火灾案例对模型进行了检验，结果显示本书发展的建筑火灾应急救援决策模型适用于复杂应急救援条件下的救援决策，能够为决策者提供最优的资源调度方案。

(6) 并发火灾的宏观统计规律。对安徽省火灾数据进行了宏观统计，得出了节假日、每月、每日时段的总体火灾和并发火灾规律，并且进行了对比。对于总体火灾，火灾在一天中发生概率最高的是在中午十二点到晚上六点；对于合肥市并发火灾来说，火灾在一天中发生比例最高的是在中午十二点到晚上六点。对于总体火灾，一般情况下节假日的火灾起数会高于平时；对于并发火灾来说，节假日的并发火灾起数均大于平时的并发火灾起数。对于总体火灾，火灾在每个月的发生比例是呈现逐段下降的趋势；对于并发火灾，在一个月的下旬发生的比例最大，上旬发生的比例最小。

(7) 灭火控制时间的时间与空间分布规律。研究发现灭火控制时间—频率规律满足对数正态分布，且控制时间受火灾场所和城市区域双重因素的影响。对应分析表明不同起火场所控制时间存在一定差异，厂房和仓库倾向于控制时间较长的火灾，且各起火场所控制时间—概率均满足对数正态分布。而对于不同城市区域的火灾，城市市区和县城城区的火灾倾向于控制时间小的火灾。消防出动时间和控制时间之间存在一定的相关性，不同出动时间下"控制时间—频率"满足对数正态分布，随着出动时间的增长，平均控制时间随之增大，二者呈现正相关特性。

(8)"频率—过火面积"幂律分布与控制时间的相关性。不同控制时间区间下过火面积—频率的关系曲线中的拟合系数 B 表征控制效率，即绝对值越大，控火能力越强，大火发生概率越小。同时系数 A 随控制时间区间满足指数分布，而系数 B 随控制时间区间呈线性关系。对于不同火灾场所对“频率—过火面积”分布的影响，对应分析可知商业场所、公共娱乐场所、餐饮场所和住宅倾向于过火面积小的火灾。总体趋势上不同控制时间区间下仓库的 B 值最高，说明其控火能力最差。随着控制时间的增大，商业场所的控制效率衰减最快。通过研究城市区域对频率—过火面积分布的影响，可以看出城市市区和县城城区的火灾多集中于过火面积小的火灾。随着控制时间的增长，城市区域的控火能力衰减最快，然后是农村和县城，集镇区域衰减最慢。

（9）修正并发火灾应急救援模型。通过总结火灾数据统计规律，基于序贯决策模型和双层两目标规划模型，并且已知控制时间的规律，分别对以出动时间和控制时间为决策因素的并发火灾应急救援决策进行分析，得到如下结果：分析了火灾应急救援决策机制，考虑了应急救援车辆的动态特征，在传统的固定救援点模型基础上，修正模型继续引入途中消防车辆和救援过程中过剩消防车辆，作为新增救援点的二次调度因素。修正模型基于消防时间的关联分析，考虑了火灾发展变化对决策结果的影响，为决策者综合考虑并发火灾的总体损失提供了预测参考。火灾时序特征是并发火灾应急救援必须面对的重要影响因素，本章基于序贯决策的思想，通过双层两目标规划模型，即考虑当前并发火灾损失最小和并发火灾总体损失最小两个目标，实现局部最优和整体最优。基于合肥市真实并发火灾案例对修正模型进行了检验，结果显示以控制时间为决策因素的并发火灾应急决策模型比以出动时间为决策因素的应急救援所采取的决策措施更能减少火灾损失，即有效地减少过火面积。这表明修正模型能够为决策者提供更好且合理的资源调度方案。

9.2　主要创新点

（1）揭示了灭火战斗时间与建筑火灾过火面积的关联特征，首次量化了过火面积的幂律特征随战斗时间的变化规律。并基于时间序列分析方法发现了平均过火面积、平均出动时间和平均战斗时间的时间依存关系。

（2）在空间维度和时间维度上，分析了不同火灾场所和城市区域的灭火时间差异化特征，并建立了相应的接警出动时间和战斗时间与过火面积的函数关系及控制时间与过火面积的函数关系。相关工作未见文献报道，具有一定的创新性。研究成果能够为进一步建立消防资源优化配置方法提供理论基础。

(3) 针对并发火灾的时序特征建立了火灾应急救援序贯决策模型，在本章研究工作基础上综合考虑了火灾态势与应急资源的动态特征，并引入火灾重要度的概念，通过建立双层两目标规划方法实现决策局部最优和整体最优。

(4) 修正了并发火灾应急救援序贯决策模型，结果对比表明采用控制时间作为决策因素的决策模型更为合理，更有利于消防部队制定应急策略、做出正确响应。

9.3 进一步的工作展望

(1) 本书第一部分应用的数据为江西省 2000—2010 年的城市建筑火灾数据，考虑的是过火面积和接警出动时间、战斗时间的相关性，而火灾损失还包括直接经济损失、人员伤亡，选择过火面积作为火灾损失指标是因为过火面积能够反映建筑结构及性质对火灾损失的影响，而其他两项指标则相对较弱。实际上建筑火灾是城市火灾系统的一个子系统，其规律性可外延至城市火灾系统，下一步可开展城市火灾接警出动时间和战斗时间与直接经济损失的相关性研究，研究结果可从更为宏观的层面对城市消防安全现状及风险进行测度和评估。

(2) 本书第一部分在时间序列分析中应用的是江西省 2007—2010 年的建筑火灾数据，时间跨度为四年，今后若能获得时间跨度更长，同时数据全面的城市火灾数据，则可进一步对火灾系统的时间依存关系、因果关系和均衡关系等进行深入的研究。包括扩大时间窗口（本书选择以周为单位）、引入更多的对火灾系统有影响的外部变量如天气、经济因子以全面系统地研究火灾系统的演化规律。

(3) 本书基于灭火控制时间与过火面积的关联关系对并发火灾应急救援决策模型进行了修正，对于应急救援点（资源提供点）与火灾点（资源需求点）之间还可以从博弈论的角度对资源竞争关系进行分析研究，博弈论将火灾点视为居中人，并为应急资源（消防车）进行博弈，若能设计合适的算法解决博弈模型中的纳什均衡问题则同样可以实现并发火灾的应急救援决策，因此，下一步可考虑应用博弈论方法构造和求解并发火灾应急救援决策模型。

(4) 本书在对并发火灾应急救援模型进行修正的过程中，是以控制时间为决策因素的，而在实际的决策过程中，出动时间与控制时间均会影响到火灾规模的扩大。因此，在今后的工作中，还可以针对控制时间与出动时间对于并发火灾应急救援模型进行进一步的探讨和修正，比如建立相关的比重系数或者重要度决策模型等。

参考文献

[1] 陈恒．江苏省城市火灾的时间序列分析 [D]．合肥：中国科学技术大学，2006.

[2] 陈志宗，尤建新．重大突发事件应急救援设施选址的多目标决策模型 [J]．管理科学，2006，19 (4)：10 - 14.

[3] 陈子锦，王福亮，陆守香，等．我国火灾统计数据的聚类分析 [J]．中国工程科学，2007，9 (1)：86 - 89.

[4] 冯海江．地震灾害救援中的应急物资分配优化研究 [D]．上海：上海交通大学，2010.

[5] 付丽华，张瑞芳，陆松，等．火灾事故发展趋势预测方法的应用研究 [J]．火灾科学，2008，17 (2)：111 - 117.

[6] 郭艳丽．群死群伤恶性火灾的特点及预防 [J]．武警学院学报，2001，17 (6)：34 -40.

[7] 贾传亮，池宏，计雷．基于多阶段灭火过程的消防资源布局模型 [J]．系统工程，2005，23 (9)：12 - 15.

[8] 贾水库，温晓虎，蒋仲安，等．灰色系统理论在城市火灾事故预测中的应用 [J]．中国安全生产科学技术，2008，4 (6)：106 - 109.

[9] 姜丽珍，刘茂．森林火灾灭火物资优化配置模型研究 [J]．中国公共安全：学术版，2008 (3)：97 - 100.

[10] 李海江．2000—2008 年全国重特大火灾统计分析 [J]．中国公共安全：学术版，2010 (1)：64 - 69.

[11] 李杰，张靖岩，郭建中，等．基于聚类分析的我国火灾空间分布研究 [J]．中国安全生产科学技术，2012，8 (2)：61 - 64.

[12] 李勇，胡双启．灰色 Elman 神经网络在火灾事故预测中的应用研究 [J]．中国安全生产科学技术，2009，19 (3)：28 - 31.

[13] 刘春林，盛昭翰，何建敏．基于连续消耗应急系统的多出救点选择问题 [J]．管理工程学报，1999，13 (3)：13 - 16.

[14] 陆松．中国群死群伤火灾时空分布规律及影响因素研究 [D]．合肥：中国科学技术大学，2012.

[15] 马锐．我国群死群伤特大火灾研究 [D]．重庆：重庆大学，2005

[16] 聂高众，高建国，苏桂武，等．地震应急救助需求的模型化处理——来自地震震例的经验分析 [J]．资源科学，2001，23 (1)：69 - 76.

[17] 彭晨．消防响应时间统计规律及其与城市火灾规模相关性研究[D]．合肥：中国科学技术大学，2010.

[18] 吴赤蓬，王专湧，刘国宁．我国火灾发生情况的聚类分析 [J]．预防医学文献信息，2001，7 (1)：4 - 7.

[19] 徐波．经济发展及气候变化对中国城市火灾时空变化的宏观影响 [D]．南京：南京大学，2012.

[20] 杨继君，许维胜，冯云生，等．基于多模式分层网络的应急资源调度模型 [J]．计算机工程，2009，35 (10)：21 - 24.

[21] 杨立中，江大白．中国火灾与社会经济因素的关系 [J]．中国工程科学，2003，5 (2)：62 - 67.

[22] 张玲，黄钧．基于场景分析的应急资源布局模型研究 [J]．中国管理学，2008，16：164 - 167.

[23] 张毅，郭晓汾，王笑风．应急救援物资车辆运输线路的选择 [J]．安全与环境学报，2006，6 (3)：51 - 53.

[24] 张毅．基于自然灾害的救灾物资物流决策理论与方法研究 [D]．西安：长安大学，2007.

[25] 郑红阳．受气象因子驱动的火灾系统标度性研究 [D]．合肥：中国科学技术大学，2010.

[26] 周晓猛，姜丽珍，张云龙．突发事故下应急资源优化配置定量模型研究 [J]．安全与环境学报，2007，7 (6)：113 - 11.

[27] 公安部消防局．2009 中国消防年鉴·江西部分 [M]．北京：中国人事出版社，2009.

[28] 公安部消防局．2011 中国消防年鉴·江西部分 [M]．北京：中国人事出版社，2009.

[29] 陈驰，任爱珠．消防站布局优化的计算机方法 [J]．清华大学学报，2003，43 (10)：1390 - 1393.

[30] 中华人民共和国公安部．城市消防站建设标准 [M]．北京：中国计划出版社，2006.

[31] 丰国炳．用模糊数学建立消防灭火救援力量合理配置优选模型的研究 [J]．消防技术与产品信息，2002 (3)．

[32] 龚啸．城市消防规划关键技术研究 [D]．长沙：中南大学，2007.

[33] 胡传平．区域火灾风险评估与灭火救援力量布局规划研究 [D]．上海：同济大学，2006.

[34] 金磊，徐德蜀，罗云．中国 21 世纪安全减灾战略 [M]．郑州：河南大学出版社，1998.

[35] 潘京．我国城市消防安全存在的问题与对策研究［D］．重庆：重庆大学，2005.
[36] 彭晨，朱霁平，佐藤晃由．消防第一出动时间的频次分布规律研究［J］．火灾科学．2010，19（1）：33－37.
[37] 王荷兰，杨君涛，吴军，吴美文．基于案例的我国消防响应问题及对策［J］．消防科学与技术，2010，229（2）：163－165.
[38] 叶子才．城市消防设施建设研究［D］．重庆：重庆大学，2005.
[39] 俞艳，郭庆胜，何建华．顾及地理网络特征的城市消防站布局渐进优化［J］．武汉大学学报．2005，30（4）：333－336.
[40] 张锐．基于火灾统计的灭火救援时效性分析［D］．合肥：中国科学技术大学，2011.
[41] 周志军．城市灭火救援首战力量时效性分析与研究［J］．消防科学与技术，2009，28（5）：354－357.
[42] 高伟．不同功能建筑火灾荷载分布规律分析［D］．合肥：中国科学技术大学，2009.
[43] 包群，彭水军．经济增长与环境污染：基于面板数据的联立方程估计［J］．世界经济，2006，（11）：48－58.
[44] 高铁梅．计量经济分析方法与建模［M］．北京：清华大学出版社，2009.
[45] 李敏，陈胜可．EViews 统计分析与应用［M］．北京：电子工业出版社，2011.
[46] 史代敏，谢晓燕．应用时间序列分析［M］．北京：高等教育出版社，2011.
[47] 时少英，刘式达，付遵涛，等．天气和气候的时间序列特征分析［J］．地球物理学报，2005，48（2）：259－264.
[48] 魏武维．时间序列分析——单变量和多变量方法（第二版）［M］．北京：中国人民大学出版社，2009.
[49] 徐波．经济发展及气候变化对中国城市火灾时空变化的宏观影响［D］．南京：南京大学，2012.
[50] 易丹辉．时间序列分析：方法与应用［M］．北京：中国人民大学出版社，2011.
[51] 于俊年．计量经济学软件—EViews 的使用（第二版）［M］．北京：对外经济贸易大学出版社，2012.
[52] 郑红阳．受气象因子驱动的火灾系统标度性研究［D］．合肥：中国科学技术大学，2010.
[53] 陈驰，任爱珠．消防站布局优化的计算机方法［J］．清华大学学报，2003，43（10）：1390－1393.
[54] 何建敏．应急管理与应急系统——选址、调度与算法［M］．北京：科学出版社，2005.
[55] 姜丽珍，刘茂．森林火灾灭火物资优化配置模型研究［J］．中国公共安全：学术版，2008，（1）：97－100.
[56] 王波．基于均衡选择的应急物资调度决策模型研究［J］．学理论，2010，（17）：

40 -43.

[57] 王炜，刘茂，王丽．基于马尔科夫决策过程的应急资源调度方案的动态优化［J］．南开大学学报：自然科学版，2010，43（3）：18－23.

[58] 武小悦．决策分析理论［M］．北京：科学出版社，2010.

[59] 杨继君，吴启迪，程艳，等．面向非常规突发事件的应对方案序贯决策［J］．同济大学学报：自然科学版，2010，38（4）：619－624.

[60] 张靖，申世飞，杨锐．基于偏好序的多事故应急资源调配博弈模型［J］．清华大学学报：自然科学版，2007，47（12）：2172－2175.

[61] 周晓猛，姜丽珍，张云龙．突发事故下应急资源优化配置定量模型研究［J］．安全与环境学报，2007，7（6）：113－115.

[62] 张锐．基于火灾统计的灭火救援时效性分析［D］．合肥：中国科学技术大学，2011.

[63] 卢璐．消防第一出动时间统计特征关联分析研究［D］．合肥：中国科学技术大学，2013.

[64] 李华军，梅宁，程晓舫．城市火灾危险性模糊综合评价［J］．火灾科学．1995，4（1）：44－50.

[65] 李杰．城市火灾危险性分析［J］．自然灾害学报．1995（2）：99 -103.

[66] Helly Walter. Ubran system model. New York Academic press，1975.

[67] 杨继君，许维胜，冯云生，等．基于多模式分层网络的应急资源调度模型［J］．计算机工程，2099，35（10）：21－24.

[68] 肖信．Origin8.0 实用教程［M］．北京：中国电力出版社，2009.

[69] 宋志刚，谢蕾蕾，何旭洪．SPSS16 使用教程［M］．北京：人民邮电出版社，2009.

[70] 防灾行政研究会．火災報告取扱要領ハンドブック（10 訂版）［M］．东京：东京法令出版社，2005.

[71] 周晓猛，姜丽珍，张云龙．突发事故下应急资源优化配置定量模型研究［J］．安全与环境学报，2007，7（6）：113－115.

[72] Aviv Y. A time-series framework for supply chain inventory management［J］. Operations Research，2003，51（2）：210－227.

[73] Badri M A，Mortagy A K，Alsayed C A. A multi-objective model for locating fire stations［J］. European Journal of Operational Research，1998，110（2）：243－260.

[74] Box G E P，Jenkins G M，Reinsei G C. Time series analysis：forecasting and control［J］. Journal of Marketing Research，1994，14（2）.

[75] Chang M S，Tseng Y L，Chen J W. A scenario planning approach for the flood emergency logistics preparation problem under uncertainty［J］. Transportation Research Part E，2007，43，737－754.

[76] Darbra R M，Eljarra E，Barcel D. How to measure uncertainties in environmental risk

assessment [J] . Trends in Analytical Chemistry, 2008, 27 (4): 377 - 385.

[77] Duncanson M, Woodward A, Reid P. Socioeconomic deprivation and fatal unintentional domestic fire incidents in New Zealand 1993—1998 [J] . Fire Safety Journal, 2002, 37 (2): 165 - 179.

[78] Gunther P. Fire cause patterns for different neighborhoods in Toledo [J] . Fire Journal, 1981, 75: 52 - 58.

[79] Jia H Z, Ord EZ F, Dessouky M M. A modeling framework for facility location of medical services for large-scale emergencies [J] . IIE Transactions, 2007, 39 (1): 41 -55.

[80] Karter M. J, AlLan D. The effect of demographics on fire rates [J] . Fire Journal, 1978, 72 (1): 53 - 65.

[81] Linet Ozdamar, Ediz Ekinci, Beste Ku ukyazici. Emergency Logistics Planning in Natural Disasters [J] . Annals of Operations Research, 2004, 129: 218 - 219.

[82] Malamud B D. Forest fires: An example of self-organized critical behavior [J] . Science, 1998, 281 (5384): 1840 - 1842.

[83] Schaeman P. Procedures for Improving The Measurement of Local Fire Protection Effectiveness [M] . Bost: National Fire Protection Association, 1977.

[84] Sheu J B. Dynamic relief-demand management for emergency logistics operations under large-scale disasters [J] . Transportation Research Part E, 2010, 46: 1 - 17.

[85] Wei W W S. Time series analysis: univariate and multivariate methods [M] . New York: Addison-Wesley Publishing Company, 1990.

[86] Yang Lizhong, Zhou Xiaodong, Deng Zhihua, et al. Fire situation and fire characteristic analysis based on fire statistics of China [J] . Fire Safety Journal, 2002, 37 (8): 785 - 802.

[87] Yi W, Kumar A. An colony optimization for disaster relief operations [J] . Transportation Research Part E: Logistics and Transportation Review, 2007, 43 (6): 660 - 672.

[88] Clausen S E. Applied correspondence analysis: an introduction [M] . Los Angeles: Sage Publications, 1998.

[89] David Torv, George Hadjisophocleous, Matthew B Guenther, et al. Estimating Water Requirements for Firefighting Operations Using FIER Asystem [J] . Fire Technology, 2001, 37: 235 - 262.

[90] Eric J. Beh, Rosaria Lombardo, Biagio Simonetti. A European perception of food using two methods of correspondence analysis [J] . Food Quality and Preference, 2011, 22 (2): 226 - 231.

[91] Halil Ibrahim Cakir, Siamak Khorram, Stacy A C. Nelson Correspondence analysis for detecting land cover change [J]. Remote Sensing of Environment 102 (3 - 4): 306 -317.

[92] Hoffman D L, Franke G R. Correspondence analysis: graphical representation of categorical data in marketing research [J]. Journal of Marketing Research, 1986, 23: 213 - 217.

[93] Holborn P G, Nolan P F, Golt J, Townsend N. Fires in workplace premise: risk data [J]. Fire Safety Journal, 2002, 37 (3): 303 - 327.

[94] Jacques Benasseni (1993) Perturbational aspects in correspondence analysis [J]. Computational Statistics & Data Analysis, 1993, 15 (4): 393 -410.

[95] Lu Lu, Chen Peng, Jiping Zhu, Kohyu Satoh, Deyong Wang and Yunlong Wang. Correlation Between Fire Attendance Time and Burned Area Based on Fire Statistical Data of Japan and China [J]. Fire Technology, 2013, 19 (2).

[96] Marco Diana, Cristina Pronello. Traveler segmentation strategy with nominal variables through correspondence analysis [J]. Transport Policy, 2010, 17 (3): 183 - 190.

[97] Masood A. Badri, Amr K. Mortagy, Colonel Ali Alsayed. A Multi-Objective Model for Locating Fire Stations [J]. European Journal of Operational Research, 1998: 243 -260.

[98] N Challands. The Relationships Between Fire Service Response Time and Fire Outcomes [J]. Fire technology, 2010, 46 (3): 665 - 676.

[99] Nadia Sourial, Christina Wolfson, Bin Zhu, et al. Correspondence analysis is a useful tool to uncover the relationships among categorical variables [J]. Journal of Clinical Epidemiology, 2010, 63 (6): 638 - 646.

[100] P G Holborn, P F Nolan, J Golt. An analysis of fire sizes, fire growth rates and times between events using data from fire investigations [J]. Fire Safety Journal, 2004, 39 (6): 481 - 524.

[101] S. Sardqvist, G. Holmstedt. Correlation between Firefighting Operation and Fire Area: Analysis of Statistics [J]. Fire Technology, 2000, 36 (2): 109 - 130.

[102] Eric J. Beh, Rosaria Lombardo, Biagio Simonetti. A European perception of food using two methods of correspondence analysis [J]. Food Quality and Preference, 2011, 22 (2): 226 - 231.

[103] Fontana M, Favre JP, Fetz C. A survey of 40, 000 building fires in Switzerland [J]. Fire Safety Journal, 1999, 32 (2): 137 - 58.

[104] Halil Ibrahim Cakir, Siamak Khorram, Stacy A C Nelson. Correspondence analysis for detecting land cover change [J]. Remote Sensing of Environment, 2006, 102

(3 -4): 306 - 317.

[105] Holborn P G, Nolan P F, Golt J, et al. Fires in workplace premise: risk data [J]. Fire Safety Journal, 2002, 37 (3): 303 - 327.

[106] Jacques Benasseni. Perturbational aspects in correspondence analysis [J]. Computational Statistics & Data Analysis, 1993, 15 (4): 393 -410.

[107] Marco Diana, Cristina Pronello. Traveler segmentation strategy with nominal variables through correspondence analysis [J]. Transport Policy, 2010, 17 (3): 183 - 190.

[108] N. Challands. The Relationships Between Fire Service Response Time and Fire Outcomes [J]. Fire technology, 2010, 46 (3): 665 - 676.

[109] P G Holborn, P F Nolan, J Golt. An analysis of fire sizes, fire growth rates and times between events using data from fire investigations [M]. Fire Safety Journal, 2004, 39 (6): 481 - 524.

[110] Ramachandran G. Extreme value theory and fire losses: further results [M]. Fire Research Note 910, Fire Research Station, Borehamwood.

[111] Ramachandran G. Extreme order statistics in large samples from exponential type distributions and their application to fire loss [M]. Berlin: Springer Netherlands, 1975.

[112] Ramachandran, G. Economics of Fire Protection [M]. London: Routledgw, 1998.

[113] Robertson A F, Gross D. Fire Load, Fire Severity, and Fire Endurance [J]. ASTM Special Tech Pub, 1970, 464: 3 - 29.

[114] S Sardqvist, G Holmstedt. Correlation between Firefighting Operation and Fire Area: Analysis of Statistics [J]. Fire Technology, 2002, 36 (2): 109 - 130.

[115] Shpilberg DC. The probability distribution of fire loss amount. Journal of Risk and Insurance , 1977, 44 (1): 103 - 15.

[116] Song Lu, Canjun Liang, Weiguo Song, et al. Frequency-size distribution and time-scaling property of high-casualty fires in China: Analysis and comparison [J]. Safety Science, 2013, 51 (1): 209 - 216.

[117] Sunil Kumar, C V S Kameswara Rao. Fire Load in Residential Buildings [J]. Building and Environment, 1995, 30 (2): 299 - 305.

[118] W G Song, H P Zhang, T Chen, et al. Power-law distribution of city fires [J]. Fire Safety Journal, 2003, 38 (5): 453 - 465.

[119] Wang J H, Xie S, Sun J H. Self-organized criticality judegement and extreme statistics analysis of major urban fires [J]. Chinese Sci Bull, 2011, 56: 567 - 572.

[120] A Ohgai, Y, Gohnai, S Ikaruga M, et al. Cellular automata modeling for fire spreading as a tool to aid community-based planning for disaster mitigation [J].

Springer Netherlands, 2004: 193-209.

[121] Baltagi B H. Econometric analysis of panel data. 2nd [M]. UK: Wiley, 2001

[122] Chang H S. Study of the exploration of fire occurrence spatial characteristics and impact fectors- a case study of Tainan city [A], 14th International Conference on Urban Planning and Regional Development in the Information Society, Spain: Sitges, 2009.

[123] Clar S, Drossel B, Schenk K, et al. Self-organized criticality in forest-fire models [J]. Physica A, 1999, 266, 153-159.

[124] Dmowska R, Saltzman B. Advance in Geophysics: Long-range Persistence in Geophysical Time Series. San Diego, London, Boston, New York, Sydney, Tokyo, Toronto: Academic Press, 1999, 114-16.

[125] Elhorst, J. P. Specification and estimation of spatial panel data models [J]. International regional science review, 2003, (3): 244-268.

[126] Engle Rober F, C W J Granger. Co-integration and error corrction: repressenation, estimation and testing [J]. Econimetrica, 1987, 55: 251-276.

[127] Hardi Kaddour. Testing for stationarity in heterogeneous panel data [J]. Econometric Journal, 2000, (3): 148-161.

[128] Hongyang Zheng, Weiguo Song, Kohyu Satoh. Detecting long range correlations in fires equences with Detrended fluctuationanalysis [J]. Physica A, 2010, 389, 837-842.

[129] Im K S, Pesaran M H, Y Shin. Testing for unit roots in heterogeneous panels [J]. Journal of Econometrics, 2003, 115: 53-74.

[130] Jonathan Corcoran, Gary Higgs, Chris Bainsdon, Andrew Ware. The use of comaps to explore the spatial and temporal dynamics of fire incidents: a case study in South Wales, United Kingdom [J]. The Professional Geographer, 2007, 59 (4): 521-536.

[131] Kao C. Spurious regression and residua based tests forcointegration in panel data [J]. Journal of Econometrics, 1999, 90: 1-44.

[132] Koop G, Pesaran M H, Potter S M. Impulse response analysis in nonlinear ultivariate models [J]. Journal of Ecnometrics, 1996, 74: 119-147.

[133] Levin A, Lin C F, Chu. Unit root tests in panel data: asymptotic and finite-sample lewis, properties [J]. Journal of Econometrics, 2002, 108: 124.

[134] Luciana Ghermandi, Rosa Lasaponara, Luciano Telesca. Intra-annual time dynamical patterns of fire sequences observed in Patagonia (Argentina) [J]. Ecological Modelling, 2010, 221: 94-97.

[135] Luciano Telesca, Weiguo Song. Time-scaling properties of city fires [J] . Chaos, Solitons & Fractals, 2011, 44: 558 - 568.

[136] Malamud B D, Millington J D A, Perry G L W. Characterizing wild fire regimes in the USA [J] . PNAS, 2005, 102, 4694 - 4699.

[137] Malamud B D, Morein G, Turcotte D L. Forest fires: an example of self-organized critical behaviour [J] . Science, 1998, 281, 1840 - 1842.

[138] Mauro Costantini, Luciano Gutierrez. Simple panel unit root tests to detect changes in persistence [J] . Economics Letters, 2007, 96 (3): 363 -368.

[139] Spyratos V, Bourgeron PS, Ghil M. Development at the wildland-urban interlace and the mitigation of forest-fire risk [J] . Proc Natl Acad Sci USA, 2007, 104 (36): 14272 - 14276.

[140] Stem D. I. The rise and fall of the environmental Kuznets curve [J] . World Development, 2004, 32 (8): 1419 - 1439.

[141] World Fire Statistics. Information bulletin of world fire statisties centre [M] . International Assoeiation for the Study of Insurance Eeonomics, 2007 - 2010.

[142] BSI DD 240. Fire safety engineering in buildings. London: British Standards Institution; 1997.

[143] Fiedrich F, Gehbauer F, Rickers U. Optimized resource allocation for emergency response after earthquake disasters [J] . Safety Science, 2000, (25): 41 - 57.

[144] Fiorucci P, Gaetani F, Minciardi R, et al. Real time optimal resource allocation in natural hazard management [A] . Proceedings of IEMSS 2004 — Complexity and Integrated Resource Management [C] . Osnabreuck, 2004. 14 - 17.

[145] Han Xin, Li Jie, Shen Zuyan. Non-autonomous coloured Petri net-based methodology for the dispatching process of urban fire-fighting. Fire Safety Journal, 2000, 35: 299 -325.

[146] Helly W. Urban System Models [M] . New York: Academic Press, 1975.

[147] N. Challands. The Relationships between Fire Service Response Time and Fire Outcomes [J] . Fire technology, 2010, 45: 665 - 676.

[148] Nelson HE. An engineering analysis of the early stages of fire development the fire at the Du Pont Plaza hotel and casino December 31 1986 [S] . US National Bureau of Standards, NBSIR 87—3560. Washington DC, 1987.

[149] NFPA 92B. Guide for smoke management systems in malls, atria and large areas. Quincy, MA: National Fire Protection Association, 1991.

[150] P G Holborn, P F Nolan, J Golt. An Analysis of Fire Sizes, Fire Growth Rates and Times between Events using Data from Fire Investigations [J], Fire Safety Journal,

2004, 39: 481 - 524.

[151] Rashmi S. Shetty. An Event Driven Single Game Solution For Resource Allocation In A Multi-Crisis Environment [D] . Tampa: Univ South Florida, 2004.

[152] Stefan Särdqvist, Göran Holmstedt. Correlations between firefighting operations and fire area: analysis of statistics [J] . Fire Technology, 2000, 36 (2): 109 - 130.

[153] Stefan Svensson. A study of tactical patterns during fire fighting operations. Fire Safety Journal [J] . Fire Safety Journal, 2002, 37, 673 -695.

[154] Upavan Gupta. Multi-Event Crisis Management Using Non-Cooperative Repeated Games [D] . Tampa: Univ South Florida, 2004.

[155] Wright MS, Archer KHL. Further Development of Risk Assessment Toolkits for the UK Fire Service: technical note financial loss model [M] . London: UK Home Office Technic, 1999.

[156] Helly Walter. Ubran system model [M] . Pittsburgh Academic press. 1975.

[157] Stefan Sardqvist, GoranHolmstedt. Correlation Between Firefighting Operation and Fire Area: Analysis of Statistics [J] . Fire Technology, 2000, 36, 109 - 130.

[158] Darbra R M, Eljarrat E, Barcel D. How to measure uncertainties in environmental risk assessment [J] . Trends in Analytical Chemistry, 2008, 27 (4): 377 - 385.

[159] WEI W W S. Time series analysis: univariate and multivariate methods [M] . New York: Addison-Wesley Publishing Company, 1990.

[160] Sheu J B. Dynamic relief-demand management for emergency logistics operations under large-scale disasters [J] . Transportation Research Part E, 2010, 46: 1 - 17.

[161] Chang M S, Tseng Y L, Chen J W. A scenario planning approach for the flood emergency logistics preparation problem under uncertainty [J] . Transportation Research Part E, 2007, 43, 737 - 754.

[162] Badri M A, Mortagy A K, Alsayed C A. A multi-objective model for locating fire stations [J] . European Journal of Operational Research, 1998, 110: 243 - 260.

[163] Jia H Z, Ord EZ F, Dessouky M M. A modeling framework for facility location of medical services for large-scale emergencies [J] . IIE Transactions, 2007, 39 (1): 41 - 55.

[164] Linet Ozdamar, Ediz Ekinci, Beste Ku ukyazici. Emergency Logistics Planning in Natural Disasters [J] . Annals of Operations Research, 2004, 129: 218 - 219.

[165] Yi W, Kumar A. An colony optimization for disaster relief operations [J] . Transportation Research Part E: Logistics and Transportation Review, 2007, 43 (6): 660 - 672.

[166] Shpilberg DC. The probability distribution of fire loss amount [J] . Journal of Risk

and Insurance, 1977, 44 (1): 103 - 15.

[167] W G Song, H P Zhang, T Chen, et al. Power-law distribution of city fires [J]. Fire Safety Journal, 2003, 38 (5): 453 - 465.

[168] Wang J H, Xie S, Sun J H. Self-organized criticality judegement and extreme statistics analysis of major urban fires [J]. Chinese Sci Bull, 2011, 56: 567 - 572.

[169] Halil Ibrahim Cakir, Siamak Khorram, Stacy A C. Nelson. Correspondence analysis for detecting land cover change [J]. Remote Sensing of Environment, 2006, 102 (3 - 4): 306 - 317.

[170] P G Holborn, P F Nolan, J Golt. An analysis of fire sizes, fire growth rates and times between events using data from fire investigations. Fire Safety Journal, 2004, 39 (6): 481 - 524.

[171] S Sardqvist, G Holmstedt. Correlation between Firefighting Operation and Fire Area: Analysis of Statistics [J]. Fire Technology, 2000, 36 (2): 109 - 130.

[172] Marco Diana, Cristina Pronello. Traveler segmentation strategy with nominal variables through correspondence analysis [J]. Transport Policy, 2010, 17 (3): 183 - 190.

[173] Halil Ibrahim Cakir, Siamak Khorram, Stacy A C Nelson. Correspondence analysis for detecting land cover change [J]. Remote Sensing of Environment, 2006, 102 (3 -4): 306 - 317.

[174] Eric J Beh, Rosaria Lombardo, Biagio Simonetti. A European perception of food using two methods of correspondence analysis. Food Quality and Preference, 2011, 22 (2): 226 - 231.

[175] Jacques Benasseni. Perturbational aspects in correspondence analysis [J]. Computational Statistics & Data Analysis, 1993, 15 (4): 393 -410.

[176] Nadia Sourial, Christina Wolfson, Bin Zhu, et al. Correspondence analysis is a useful tool to uncover the relationships among categorical variables [J]. Journal of Clinical Epidemiology, 2010, 63 (6): 638 - 646.

[177] N. Challands. The Relationships Between Fire Service Response Time and Fire Outcomes [J]. Fire technology, 2010, 46 (3): 665 - 676.

[178] Holborn P G, Nolan P F, Golt J, et al. Fires in workplace premise: risk data [J]. Fire Safety Journal, 2002, 37 (3): 303 - 327.

[179] Jacques Benasseni. Perturbational aspects in correspondence analysis [J]. Computational Statistics & Data Analysis, 1993, 15 (4): 393 -410.

[180] N. Challands. The Relationships Between Fire Service Response Time and Fire Outcomes [J]. Fire technology, 2010, 46 (3): 665 - 676.

[181] Helly W. Urban System Models [M]. New York: Academic Press, 1975.

[182] Han Xin, Li Jie, Shen Zuyan. Non-autonomous coloured Petri net-based methodology for the dispatching process of urban fire fighting [J]. Fire Safety Journal, 2000, 35: 299-325.

[183] Stefan Svensson. A study of tactical patterns during fire fighting operations [J]. Fire Safety Journal, 2002, 37: 673-695.

[184] Fiedrich F, Gehbauer F, Rickers U. Optimized resource allocation for emergency response after earthquake disasters [J]. Safety Science, 2000, (25): 41-57.

[185] BSI DD 240. Fire safety engineering in buildings. London: British Standards Institution, 1997.